全国食品加工与检验专业职业教育任务引领型 "十二五" 规划教材
职业院校工学结合课程实践成果

饮料加工与检验

主　编　徐　巍

副主编　彭乃才

参　编　冯展威　周　英　沈五雄

机械工业出版社

本书是职业院校工学结合课程实践成果之一,目的是培养食品加工与检验专业学生胜任饮料加工与检验工作的能力。本书由 7 个学习任务组成,即包装饮用水的加工、碳酸饮料的加工、茶饮料的加工、蛋白饮料的加工、果蔬汁饮料的加工、固体饮料的加工、饮料的检验,每个学习任务下又分为若干个子任务。每个学习任务都体现了一个完整的工作与学习过程,是常见饮料中一类生产过程相似的产品的代表,学习后可以起到举一反三的效果。

本书可作为职业院校食品加工与检验及相关专业的教学用书,也可作为职业技能培训和其他从事相关工作人员的参考用书。

为方便教学,本书配备了电子课件等教学资源。凡选用本书作为教材的教师均可登录机械工业出版社教育服务网 www.cmpedu.com 免费下载。如有问题请致信 cmpgaozhi@sina.com,或致电 010-88379375 联系营销人员。

图书在版编目(CIP)数据

饮料加工与检验/徐巍主编 . —北京:机械工业出版社,2015.12
全国食品加工与检验专业职业教育任务引领型"十二五"规划教材
ISBN 978-7-111-52513-4

Ⅰ.①饮… Ⅱ.①徐… Ⅲ.①饮料—食品加工—高等职业教育—教材
②饮料—食品检验—高等职业教育—教材 Ⅳ.①TS275 ②TS272.7

中国版本图书馆 CIP 数据核字(2015)第 308346 号

机械工业出版社(北京市百万庄大街 22 号 邮政编码 100037)
策划编辑:徐春涛 责任编辑:徐春涛
版式设计:霍永明 责任校对:张玉琴
封面设计:张 静 责任印制:常天培
北京机工印刷厂印刷(三河市南杨庄国丰装订厂装订)
2016 年 4 月第 1 版第 1 次印刷
184mm×260mm·13 印张·305 千字
0 001—3 000 册
标准书号:ISBN 978-7-111-52513-4
定价:28.00 元

前　言

近年饮料行业发展迅猛，据国家统计局数据显示，2014 年软饮料全年产量达到 16 676 万吨。改革开放 30 多年来，饮料行业不断地发展和成熟，逐渐改变了以往规模小、产品结构单一、竞争无序的局面，饮料企业的规模和集约化程度不断提高，产品结构也日趋合理。

本书是以工作过程为导向编写的教材，由 7 个学习任务构成，重点介绍了 6 大类饮料的生产过程和设备操作等内容。本书适合于职业学校食品加工与检验专业的教学使用，也可供开设食品类专业的学校、从事饮料生产的企业、研究饮料的科研单位以及相关专业技术人员参考。

全书由徐巍担任主编，负责全书的设计和统稿工作。具体分工如下：任务 1、任务 2、任务 7-2、任务 7-3 由徐巍编写；任务 3、任务 4 和任务 5 由彭乃才编写；任务 6 由沈五雄编写；任务 7-4、任务 7-5、任务 7-6、任务 7-7、任务 7-8 由冯展威编写；任务 7-1、任务 7-9、任务 7-10、任务 7-11、任务 7-12 由周英编写。

由于时间仓促，编者水平有限，书中难免有疏漏或不妥之处，恳请各位专家与读者批评指正。

编　者

目　录

任务 1 >>>

包装饮用水的加工

中国饮料行业是改革开放以来发展起来的新兴行业，是中国消费品中的发展热点和新增长点。30 多年来，饮料行业不断地发展和成熟，逐渐改变了以往规模小、产品结构单一、竞争无序的局面，饮料企业的规模和集约化程度不断提高，产品结构日趋合理。

据国家统计局数据显示，2010～2013 软饮料全年产量分别达到 9 983.8、11 762.2、13 024.0、14 926.9 万吨，年平均增长率达到 12.5%。包装饮用水 2008 年超过碳酸饮料成为软饮料第一子行业，目前以 40%以上的市场份额独占鳌头，且连续多年保持 30%左右的增长。

>>> 任务 1-1 饮用纯净水的加工

根据我国 GB 10789—2007《饮料通则》，包装饮用水分为饮用天然矿泉水、饮用天然泉水、其他天然饮用水、饮用纯净水、饮用矿物质水、其他包装饮用水六类。

由于饮用纯净水具有投入小、工艺简单、质量稳定等特点，其在饮料市场中占据了不小的份额。根据 GB 17323—1998《瓶装饮用纯净水》，瓶装饮用纯净水是指以符合生活饮用水卫生标准的水为水源，采用蒸馏法、去离子法、离子交换法、反渗透法或其他适当的加工方法制得的，密封于容器中，不含任何添加物，可以直接饮用的水。

🔍 任务目标

（1）知道制作饮用纯净水的工艺流程和关键控制环节。

（2）在教师的指导下，能根据生产任务单制订工作计划，填写人员分工表和领料单，会操作所使用到的加工设备。

（3）能处理饮用纯净水生产过程中余氯、臭氧超标等常见问题。

🏭 生产流程

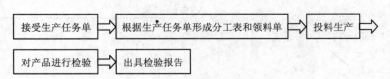

接受生产任务单 → 根据生产任务单形成分工表和领料单 → 投料生产 →

对产品进行检验 → 出具检验报告

任务描述

　　根据生产任务计划单，组长制订饮用纯净水生产及检验的详细工作安排（包括人员分工、设备点检、原辅材料的领用、仓库分配），严格按生产工艺规范进行生产，生产过程中严格控制关键控制点，并做好生产过程的记录，及时判断问题排除故障，最后对产品进行检验，出具检验报告。

知识准备

一、饮用纯净水的生产

1. 实验设备和材料

　　主要设备：原水泵、储水罐、多介质过滤器、活性炭过滤器、精密过滤器、反渗透膜、臭氧机、三合一灌装机、打码机、喷墨机、封箱机（开箱机和熔胶机）、装箱机、码垛机等。

　　主要材料：自来水、PET 塑料瓶、HDPE 盖、PVC 标签。

　　加工助剂：聚合氯化铝、阻垢剂、碱液。

2. 工艺流程

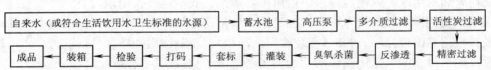

自来水（或符合生活饮用水卫生标准的水源）→ 蓄水池 → 高压泵 → 多介质过滤 → 活性炭过滤

成品 ← 装箱 ← 检验 ← 打码 ← 套标 ← 灌装 ← 臭氧杀菌 ← 反渗透 ← 精密过滤

　　饮用纯净水工艺流程中的关键步骤是反渗透、杀菌和灌装。大部分纯净水生产企业的工艺流程相似，只是个别步骤有所不同。

　　1. 前过滤：打开原水泵进水阀门，打开气动阀，设备处于运行状态时关闭排气阀，根据水质检测结果，确定添加絮凝剂的流量，注意压力的变化，保证运行压力≤0.35MPa。

　　每4h记录一次多介质过滤器和活性炭过滤器及其辅助设备运行参数（压力等），如有异常应及时处理并报告组长。每小时检测一次产水水质，并做好记录。每天测定一次污染指数SDI值，并做好记录。

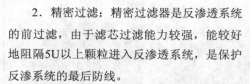

2．精密过滤：精密过滤器是反渗透系统的前过滤，由于滤芯过滤能力较强，能较好地阻隔5U以上颗粒进入反渗透系统，是保护反渗系统的最后防线。

随时观察精密过滤器设备的运作状况，如有异常应及时处理并报告组长。随时关注精密过滤器的工作压力，每4h记录一次。

3．反渗透：检测进水水质并做好记录。确认多介质、活性炭均处于运行状态，精密过滤器前后流向阀门处于开启状态。检查自动控制阀气源压力是否达到要求（要求在0.6～0.7MPa之间）。

随时观察反渗透系统设备的运作状况，每小时记录一次设备运行参数，如有异常应及时处理并报告组长。每小时检测一次产水水质（pH值、臭氧、电导率等）。

4．臭氧杀菌：检查臭氧机及其辅助设施是否处于正常状态。检查气源压力是否达到要求（要求0.7MPa）。

随时观察臭氧机设备的运作状况，每4h记录一次设备工作参数，每小时检测一次成品水的臭氧浓度。

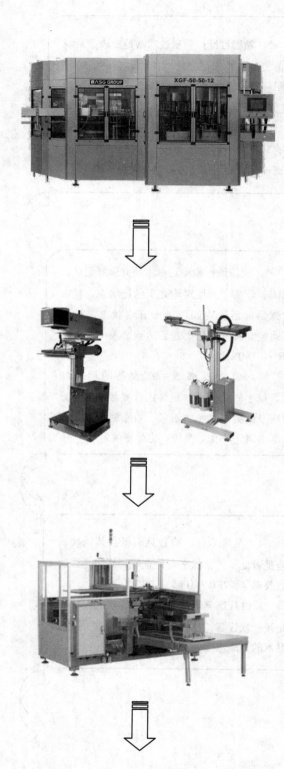

5．灌装：先开启空气净化系统，然后开启洗瓶机检查洗瓶水压，并确保洗瓶水压≥0.2MPa，观察每一个洗瓶头并确保每一个洗瓶头正常喷水。启动三合一灌装机，排水冲洗5min，并做到每一个灌装头都要排水。开始灌装前，灌装头水样必须经品质品控员确认电导率、臭氧浓度、pH值等指标，均合格后方可灌装。

每天必须记录开停机的时间、洗瓶机水压、冲机的时间。

6．打码：开机后设定喷墨机和打码机打码格式，并测试打码多次，生产中途检查记录。打码要严格按照规定的格式和时间进行喷码，做到喷码清晰、端正，时间和格式正确且激光喷码与油墨喷码时间相同，并打印在同一平面。

每半小时检查打印码质量并记录，当打码出现异常时，应立即停机调试。当两码数量不一致时应立即查找原因及漏码的产品。

7．封箱：开启开箱机和封箱机，加入热熔胶/胶带。装入规定纸箱后，试成型和封胶，并检查效果，确定符合要求后才能正常运行。

使用熔胶机，应密切关注胶的温度及粘胶的牢固度，确保装入产品后不漏箱。每半小时检查和记录。

8．装箱：检查纸箱的外观质量和产品重量情况，如有异常立即通知装箱岗位调整，并对封箱不牢的重新封箱。

出现倒瓶或者缺瓶情况立即剔出问题纸箱，通知下游岗位及时处理问题。

二、生产工艺及设备

1．多介质过滤

（1）多介质过滤的原理

原水被抽到蓄水池后，经静置、沉淀、除去粗大的固体颗粒后，用泵将水泵入多介质过滤器中。多介质过滤器是除去水中的细砂、泥土、矿物盐等大颗粒介质。用于多介质的滤料主要有石英砂、锰砂和椰壳等，每种滤料去除粒子的功能各不相同，如石英砂具有良好的除铁效果。

多介质过滤器（如图 1-1 所示）通常采用石英砂作为填料，故也被称为石英砂过滤器。石英砂有利于去除水中的杂质，其还有过滤阻力小、比表面积大、耐酸碱性强、抗污染性好等优点。

图 1-1　多介质过滤器

石英砂过滤器的独特优点还在于通过优化滤料和过滤器的设计，实现了过滤器的自适应运行，滤料对原水浓度、操作条件、预处置工艺等具有很强的自适应性，即在过滤时滤床自动形成上疏下密的状态，有利于在各种运行条件下保证出水水质，反洗时滤料充分散开，清洗效果好。石英砂过滤器可有效去除水中的悬浮物，并对水中的胶体、铁、有机物、农药、锰、细菌、病毒等污染物有明显的去除效果。

（2）石英砂过滤器的安全操作要求

1）开机要求。检测原水水质并做好记录；根据水质检测结果，确定絮凝剂添加流量；打开（或关闭）相应阀门；开机过程中需特别注意压力的变化，保证运行压力≤0.35MPa。

2）运行过程中的要求。随时观察石英砂过滤器及其辅助设备的运作状况，每 4h 记录 1

次设备运行参数，如有异常应及时处理并报告；每小时检测 1 次产水水质，并做好记录；停机或出现异常情况时，应将原因和处理情况记录清楚。

3）设备的清洗。

清洗程序：先停机排水 20min→空气擦洗 5min→反冲洗 20min→正冲洗 25min→开机调试，整个过程共耗时 70min。

清洗的条件：若出现下列情况之一时，必须考虑停机反洗砂缸。

① 石英砂过滤器流量明显下降时。

② 石英砂过滤器的压差达到 0.05MPa 时。

③ 根据水质情况，一般在 48h±24h 反洗一次砂缸。

多介质过滤器示意图及清洗时阀门开闭情况分别如图 1-2 所示和见表 1-1。

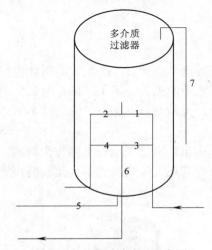

图 1-2　多介质过滤器示意图

表 1-1　多介质过滤器清洗

阀门 程序	1#	2#	3#	4#	5#	6#	7#
运行	○	×	×	×	×	○	×
排水	×	×	×	○	×	×	○
空气擦洗	×	○	×	×	○	×	×
反洗	×	○	○	×	×	×	×
正洗	○	×	×	○	×	×	×

注："○"表示阀门开启，"×"表示阀门关闭。

2. 活性炭过滤

（1）活性炭过滤器的原理

活性炭过滤器（如图 1-3 所示）是利用活性炭吸附作用，脱除水中有机物、微生物、色素、臭味及余氯，其活性炭材料为颗粒活性炭。大中型活性炭过滤器是将颗粒活性炭装在器体内进行过滤，小型活性炭过滤器是采用一根或多根活性炭芯装在器体内进行过滤。

图 1-3　活性炭过滤器

活性炭的吸附原理是：在其颗粒表面形成一层平衡的吸收浓度，再把有机物质杂质吸附到活性炭颗粒内，使用初期的吸附效果很高。但时间一长，活性炭的吸附能力会不同程度地减弱，吸附效果也随之下降。所以，活性炭应定期清洗或更换。

活性炭颗粒的大小对吸附能力也有影响。一般来说，活性炭颗粒越小，过滤面积就越大。所以，粉末状的活性炭总面积大，吸附效果最佳，但粉末状的活性炭容易随水流走，难以控制，很少采用。颗粒状的活性炭因颗粒不易流动，水中有机物等杂质在活性炭过滤层中也不易阻塞，其吸附能力强，携带更换方便。活性炭的吸附能力和与水接触的时间成正比，接触时间越长，过滤后的水质越佳。

（2）活性炭过滤器的安全操作要求

1）开机要求。检测进水水质并做好记录；打开（或关闭）相应阀门。开机过程中需特别注意压力的变化，保证运行压力≥0.32MPa。

2）运行过程中的要求。随时观察活性炭过滤器及其辅助设备的运作状况，每 4h 记录 1 次设备运行参数，如有异常应及时处理并报告；每小时检测 1 次产水水质，并做好记录；每天测定一次污染指数 SDI 值，并做好记录。

污染指数 SDI 的计算公式为

$$SDI = \frac{1 - T_1 / T_2}{15} \times 100\%$$

式中　T_1——活性炭过滤器出水经规格为 0.45 μm 的滤纸过滤收集 500mL 所需的时间（秒）；

　　　T_2——活性炭过滤器出水经规格为 0.45μm 的滤纸过滤 15min 后，再过滤收集 500mL 水所需的时间（s）。

3）设备的清洗。

清洗程序：先停机排水 20min→空气擦洗 5min→反冲洗 15min→正冲洗 20min→开机调试，整个过程共耗时 60min。

清洗的条件：若出现下列情况之一时，必须考虑停机反洗活性炭过滤器。

① 活性炭过滤器流量明显下降时。

② 活性炭过滤器的压差达到 0.03MPa 时。

③ 活性炭过滤器产水的 SDI 值大于 4 时。

④ 已证实有污染或结垢发生时。

⑤ 根据进水水质情况，一般在 48h±24h 反洗一次活性炭过滤器。

3．精密过滤

（1）精密过滤器的原理

精密过滤器（如图1-4所示）即保安过滤器，其过滤容器大都采用不锈钢材质，滤料为滤芯，为外压式深层过滤元件。精密过滤器主要用在多介质预处理过滤之后，反渗透、超滤等膜过滤设备之前。它用来滤除经多介质过滤后的细小物质（如微小的石英砂、活性炭颗粒等），以确保水质过滤精度及保护膜过滤元件不受大颗粒物质的损坏。

图1-4　精密过滤器

精密过滤装置内装的过滤滤芯精度等级可分为 0.5μs、1μs、5μs、10μs 等，根据不同的使用场合选用不同的过滤精度，以保证后出水精度及保证后级膜元件的安全。

其工作原理是利用滤芯的孔隙进行机械过滤。水中残存的微量悬浮颗粒、胶体、微生物等，被截留或吸附在滤芯表面和孔隙中。随着制水时间的增长，滤芯因截留物的污染，其运行阻力逐渐上升。保安过滤器的主要优点是效率高、阻力小、便于更换。

（2）精密过滤器的注意事项

由于滤芯过滤能力较强，能较好地阻隔较大直径颗粒进入反渗透系统，是保护反渗系统的最后防线。

保安过滤器的进出水需设置压力表，当运行时进出水压差增加至 0.05～0.08MPa 时必须更换滤芯，以确保反渗透系统的安全运行。更换滤芯时，必须关闭过滤器前后阀门并排水。每次更换滤芯时必须记录更换的日期及原因。

4．反渗透过滤

（1）反渗透过滤的原理

反渗透过滤的原理是一种借助于选择透过（半透过）性膜的功能特点，以压力为推动力的膜分离技术，当系统中所加的压力大于进水溶液渗透压时，水分子不断地透过膜，经过产水流道流入中心管，然后在一端流出水中的杂质，如离子、有机物、细菌、病毒等被截留在膜的进水侧，然后含有杂质的浓水从出水端流出，从而达到分离净化目的。反渗透过滤的原理如图1-5所示。

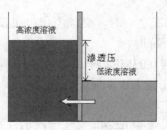

图1-5　反渗透原理图

（2）反渗透膜材料

反渗透膜主要有 2 种：醋酸纤维素和芳香族聚酰胺。早期的反渗透膜都是醋酸纤维素，直到 20 世纪 70 年代，聚酰胺反渗透研发成功，逐渐取代醋酸纤维素膜成为市场的主流产品。表 1-2 是两种不同材质膜的对比。

表 1-2　反渗透膜材料

材　质	脱　盐　率	产　水　量	能　耗	耐　氯　性	温 度 范 围	运行时 pH 范围
醋酸纤维素	低	低	高	好	5～35℃	1～12
聚酰胺	高	高	低	差	5～45℃	3～12

（3）反渗透膜结构

反渗透膜元件的结构主要有中空纤维、螺旋卷式、平板式。目前最常用的是螺旋卷式，这种结构具有填充容量大、安装简单、结构可靠、耐压性好等特点。螺旋卷式反渗透膜主要由反渗透膜片、进水分流格网、渗透收集网格、中心管、密封圈等结构构成，如图 1-6 所示。

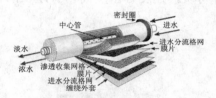

图 1-6　反渗透膜结构示意图

（4）反渗透膜使用注意事项

反渗透技术因具有特殊的优越性而得到日益广泛的应用。反渗透净水设备的清洗问题可能使许多技术力量不强的用户遭受损失，所以要做好反渗透设备的管理，这样才可以避免出现严重的问题。

1）低压冲洗反渗透设备。定期对反渗透设备进行大流量、低压力、低 pH 值的冲洗有利于剥除附着在膜表面上的污垢，维持膜性能，或者当反渗透设备进水，SDI 值突然升高超过 5.5 时，应进行低压冲洗，待 SDI 值调至合格后再开机。

2）反渗透设备停运保护。由于生产的波动，反渗透设备不可避免地要经常停运。短期或长期停用时必须采取保护措施，不适当地处理会导致膜性能下降且不可恢复。

短期停用保护适用于停运 15 天以下的系统，可采用每 1～3 天低压冲洗的方法来保护反渗透设备。实践发现，水温在 20℃ 以上时，反渗透设备中的水存放 3 天就会发臭变质，有大量细菌繁殖。因此，建议水温高于 20℃ 时，每 2 天或 1 天低压冲洗一次，水温低于 20℃ 时，可以每 3 天低压冲洗一次，每次冲洗完后需关闭净水设备反渗透装置上所有进出口阀门。

长期停用保护适用于停运 15 天以上的系统，这时必须用保护液（杀菌剂）充入净水设备的反渗透装置进行保护。常用杀菌剂配方（复合膜）为甲醛 10%（质量分数）、异噻唑啉酮 20mg/L、亚硫酸氢钠 1%（质量分数）。

3）反渗透膜化学清洗。在正常运行条件下，反渗透膜也可能被无机物垢、胶体、微生物、金属氧化物等污染，这些物质沉积在膜表面上会引起净水设备反渗透装置出力下降或脱盐率下降、压差升高，甚至对膜造成不可恢复的损伤，因此，为了恢复良好的透水和除盐性能，需要对膜进行化学清洗。

一般3～12个月对膜清洗一次，如果每个月不得不清洗一次，这说明应该改善预处理系统，调整运行参数了。如果 1～3 个月需要清洗一次，则需要提高设备的运行水平，是否需要改进预处理系统较难判断。

5．臭氧灭菌

（1）臭氧机的工作原理

目前在世界各地普遍使用的臭氧生成方法有两种：一种是高压放电法（电晕法），另一种是低压电解法。在我国大部分都使用高压放电法。由于高压放电法是从空气（或氧气）中提取臭氧的，而空气中氮气约占78%，高压产生臭氧时氮和氧会形成新的物质——氮氧化合物（其中一氧化氮、二氧化氮是致癌物质），我们最常见的复印机等产生的臭氧就是有害的。低压电解法是从纯净水里分解出氧再转换成臭氧的，这种臭氧含有氧和臭氧两种成分，没有任何有害物质，纯度好浓度高，有超长的使用寿命。臭氧发生器如图1-7 所示。

图1-7　臭氧机

（2）臭氧机的安全操作要求

1）随时观察臭氧机设备的运作状况，每4h记录一次设备工作参数，如有异常应及时处理并报告组长。

2）每小时检测一次成品水的臭氧浓度。

3）停机或出现异常情况时，应将原因和处理情况在"生产记录"中记录清楚。

4）臭氧机设备正常运转一定时间后，根据实际情况，检测成品水的臭氧浓度，当成品水的臭氧浓度超过限值，应及时停机调整。

6．灌装

（1）三合一灌装机的工作原理

纯净水的三合一灌装机（如图1-8所示）是常压灌装机，通常是结合冲洗、灌装、封盖一体的 PET 灌装机，灌装过程是在一个封闭的空间进行，具有效率、节能、避免二次污染的特点。

图 1-8　三合一灌装机

　　瓶子通过风道传递，然后通过拨瓶星轮传送至三合一机的冲瓶机。冲瓶机回转盘上装有瓶夹，瓶夹夹住瓶口沿导轨翻转 180°，使瓶口向下。在冲瓶机特定区域，冲瓶夹喷嘴喷出冲瓶水，对瓶子内壁进行冲洗。瓶子经冲洗、沥干后在瓶夹夹持下沿导轨再翻转 180°，使瓶口向上。洗净后的瓶子通过拨瓶星轮由冲瓶机导出并传送至灌装机。进入灌装机的瓶子由瓶颈托板卡住并在凸轮作用下将瓶子上升，然后由瓶口将灌装阀顶开。灌装采用重力灌装方式。灌装阀打开后物料通过灌装阀完成灌装过程，灌装结束后瓶口下降离开灌装阀，瓶子通过卡瓶颈过渡拨轮进入旋盖机。旋盖机上的止旋刀卡住瓶颈部位，保持瓶子直立并防止旋转。旋盖头在旋盖机上保持公转并自转，在凸轮作用下实现抓盖、套盖、旋盖、脱盖动作，完成整个封盖过程。成品瓶通过出瓶拨轮从旋盖机传送到出瓶输送链上，由输送链传送出三合一机。

　　（2）三合一灌装机的注意事项

　　1）保持灌装间正压在 5Pa 以上，最低不得少于 2Pa。

　　2）确保洗瓶水压≥0.2MPa，并确保每一个洗瓶头正常喷水。

　　3）灌装机密封垫片必须定期更换，做好更换记录，发现水中有老化的垫片时应立即停机更换。

　　4）每班至少检测两个循环产品的封盖扭力并记录，更换产品必须检测。

　　5）根据封盖刮丝情况及时冲洗封盖机上刮丝，以免落入产品中。

　　6）确保二次更衣室及灌装间的卫生。

　　7）每次开机前、设备维修后要做好消毒工作并记录。

　　8）灌装间的门窗随时保证关闭状态。

　　9）每 4h 一次对洗瓶水回收管道过滤器进行拆洗，当出现溢流时应增加拆洗回收管道过滤器的频率。

　　10）及时捡起掉落在地上的空瓶或其他可回收的空瓶，清洗干净后集中返回瓶检岗位重新检验使用。

　　除了灌装工序，后包装过程还有封箱机、装箱机、打码机和码垛机等工序。

 **任务实施**

一、领取学习任务

生产任务单						
产 品 名 称	产 品 规 格	生 产 车 间	单　　位	数　　量	开 工 时 间	完 工 时 间
纯净水	500mL	纯净水生产车间	箱	100		

二、填写任务分工表

任务分工表			
序　号	操作内容	主要操作者	协助者
1	工具领用		
2	材料领用		
3	检查及清洗设备、工具		
4	原材料准备		
5	设备准备		
6	纯净水的生产　前过滤		
7	精密过滤		
8	反渗透		
9	臭氧杀菌		
10	包装		
11	生产场地、工具的清洁		
12	产品检验		
13			
14			
15			
16			

三、填写任务准备单

车间设备单			
序　号	设备名称	规　格	使用数量
1	多介质过滤器	台	
2	活性炭过滤器	台	
3	反渗透设备	台	
4	精密过滤器	台	
5	臭氧机	台	
6	三合一灌装机	台	
7	封箱机	台	
8	打码机	台	
9	装箱机	台	
10	喷墨机	台	
11	码垛机	台	

原辅料领料单						
领料部门				发料仓库		
生产任务单号				领料人签名		
领料日期				发料人签名		
序　号	物料名称	品牌规格	单价/元	发料数量	小计/元	合计/元
1	聚合氯化铝					
2	氢氧化钠					
3	PET 塑料瓶					
4	HDPE 塑料瓶盖					
5	PVC 标签					

四、产品检验标准

根据 GB 17324—2003《瓶（桶）装饮用纯净水卫生标准》，所有出厂的纯净水的质量要达到以下几项指标：

1. 感官指标

项　目		要　求
色度/度	≤	5，并不得呈现其他异色
混浊度/NTU	≤	1
臭和味		不得有异臭异味
肉眼可见物		不得检出

2. 理化指标

项　目		指　标
pH 值		5.0～7.0
电导率（25℃±1℃）/（μS/cm）	≤	10
高锰酸钾消耗量（O_a）/（mg/L）	≤	1.0
氯化物（Cl^-）/（mg/L）	≤	6.0
亚硝酸盐（NO_2^-）/（mg/L）	≤	0.002
四氯化碳/（mg/L）	≤	0.001
铅（Pb）/（mg/L）	≤	0.01
总砷（As）/（mg/L）	≤	0.01
铜（Cu）/（mg/L）	≤	1.0
氰化物[①]/（mg/L）	≤	0.002
挥发性酚（以苯酚计）[①]/（mg/L）	≤	0.002
三氯甲烷/（mg/L）	≤	0.02
游离氯（Cl^-）/（mg/L）	≤	0.005

① 仅限于蒸馏水。

3. 微生物指标

项　　　目		指　　　标
菌落总数/（CFU/mL）	≤	20
大肠菌群/（MPN/100mL）	≤	3
霉菌和酵母/（CFU/mL）		不得检出
致病菌（沙门氏菌、志贺氏菌、金黄色葡萄球菌）		不得检出

五、产品质量检验

1. 产品质量检验流程

产品抽样 → 样品处理 → 产品指标检测 → 结果汇总 → 出具检验报告单

2. 检验报告

产品检验报告单			
			报告单号：
产品名称		产品生产单位	
型号规格		生产日期	
委托检验部门		收样时间	
委托人		收样地点	
委托人联系方式		样品数量	
收样人		封样数量	
样品状态		封样贮存地点	
封样人员		检测日期	
检验依据			
检验项目	感官指标、pH、电导率、色度、浊度、菌落总数、大肠菌群		
检验各项目	合格指标	实测数据	是否合格
检验结论			

编制：　　　　　　　　　　　审核：

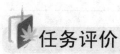 **任务评价**

实训程序	工作内容	技能标准	相关知识	单项分值	满分值
准备工作	清洁卫生	能发现并解决卫生问题	操作场所卫生要求	5	10
	准备并检查设备和工具	1. 准备本次实训所需所有仪器和容器 2. 仪器和容器的清洗和控干 3. 检查设备运行是否正常	1. 清洗方法 2. 不同设备的点检	5	
备料	原水的选择	按照产品类型选择原水	饮用原水的质量标准	15	15

（续）

实训程序	工作内容	技能标准	相关知识	单项分值	满分值
前过滤	多介质过滤、活性炭过滤	对多介质过滤、活性炭设备进行正确选型并能使用多介质过滤、活性炭过滤设备	多介质过滤、活性炭设备的注意事项	10	10
精密过滤	精密过滤	根据原水状况选择精密过滤器型号，并能使用精滤设备	使用精密过滤器的注意事项	10	10
反渗透	反渗透	根据水质分析选择反渗透设备并能使用反渗透设备	使用反渗透设备的注意事项	10	10
臭氧杀菌	成品水的灭菌	掌握瓶装水灭菌的方法	选用臭氧灭菌法	10	10
灌装与封口	灌装、封口	能使用三合一灌装机	使用三合一灌装机的注意事项	10	10
实训报告	实训内容	实训完毕能够写出实训具体的工艺操作流程		10	25
	注意事项	能够对操作中主要问题进行分析比较		5	
	结果讨论	能够对实训产品做客观的分析、评价、探讨		10	

考核内容	满分值	水平/分值		
		及格	中等	优秀
清洁卫生				
准备并检查设备和工具				
备料				
前过滤				
精密过滤				
反渗透				
臭氧杀菌				
灌装与封口				
实训报告				
注意事项				
结果讨论				

>>> 任务 1-2　天然矿泉水的加工

　　我国是最早发现并利用矿泉水的国家。在出土的甲骨文中，就有泉的记载，当时泉字的写法是指凹下的地形中有水流出。在国外，矿泉水或热水浴被认为是保持健康和治疗疾病的主要方法，具有缓解或预防疾病的作用。

　　天然矿泉水是在特定地质条件下形成的一种宝贵的地下液态矿产资源，以地下所含的适宜医疗或饮用的气体成分、微量元素和其他的盐类而区别于普通地下水资源。

任务目标

　　（1）知道制作饮用矿泉水的工艺流程和关键控制环节。

　　（2）在教师的指导下，能根据生产任务单制订工作计划，填写人员分工表和领料单，会操作需要用到的加工设备。

（3）能处理饮用矿泉水中溴酸盐、微生物超标等常见问题。

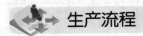 **生产流程**

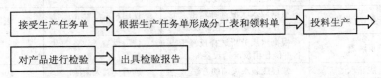

接受生产任务单 ➡ 根据生产任务单形成分工表和领料单 ➡ 投料生产 ➡

对产品进行检验 ➡ 出具检验报告

 任务描述

　　根据生产任务计划单，组长制订饮用矿泉水生产及检验的详细工作安排（包括人员分工，设备点检，原辅材料的领用，仓库分配），严格按生产工艺规范进行生产，生产过程中严格控制关键控制点，并做好生产过程的记录，及时判断问题、排除故障，最后对产品进行检验，出具检验报告。

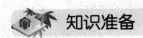 **知识准备**

一、天然矿泉水的生产

　　根据 GB 8537—2008《饮用天然矿泉水》，饮用天然矿泉水是指从地下深处自然涌出的或经钻井采集的，含有一定量的矿物质、微量元素或其他成分，在一定区域未受污染并采取预防措施避免污染的水；在通常情况下，其化学成分、流量、水温等动态指标在天然周期波动范围内相对稳定。天然矿泉水根据标准不同可分为不同的几类。

　　（1）根据产品中二氧化碳含量分类。

　　1）含气天然矿泉水：包装后，在正常温度和压力下有可见同源二氧化碳自然释放起泡的天然矿泉水。

　　2）充气天然矿泉水：按规定处理，充入二氧化碳而起泡的天然矿泉水。

　　3）无气天然矿泉水：按规定处理，包装后，其游离二氧化碳含量不超过为保持溶解在水中的碳酸氢盐所必需的二氧化碳含量的一种天然矿泉水。

　　4）脱气天然矿泉水：按规定处理，包装后，在正常的温度和压力下无可见的二氧化碳自然释放的一种天然矿泉水。

　　（2）根据矿泉水特征组分含量分类。

　　根据矿泉水特征组分含量的不同可分为偏硅酸矿泉水、锶矿泉水、锌矿泉水、锂矿泉水、硒矿泉水、碘矿泉水、碳酸矿泉水、盐类矿泉水。

　　1. 实验设备和材料

　　主要设备：原水泵、空气过滤器、锰砂过滤器、精密过滤器、多介质过滤器、活性炭过滤器、臭氧机、储水罐、超滤过滤器、三合一灌装机、封箱机、打码机、喷墨机、码垛机等。

　　主要材料：地下水、PET 塑料瓶、HDPE 塑料瓶盖、PVC 标签。

　　加工助剂：聚合氯化铝、阻垢剂、碱液。

2. 工艺流程

取水 → 储存 → 曝气 → 前过滤 → 精滤 → 超滤

成品 ← 装箱 ← 检验 ← 打码 ← 套标 ← 灌装 ← 杀菌

加工工艺要求：

（1）应在保证天然矿泉水原水卫生安全和符合 GB 16330—1996《饮用天然矿泉水厂卫生规范》规定的条件下进行开采、加工与灌装。

（2）在不改变饮用天然矿泉水水源水基本特性和主要成分含量的前提下，允许通过曝气、倾析、过滤等方法去除不稳定组分；允许回收和填充同源二氧化碳；允许加入食品添加剂二氧化碳，或者除去水中的二氧化碳。

（3）不得用容器将原水运至异地灌装。

（4）过滤是矿泉水生产的关键工序，目的是除去水中的不溶性杂质及微生物，以使水质清澈透明，清洁卫生。过滤的方法比较多，一般矿泉水的过滤要经过三次，即粗滤、精滤和超滤。粗滤一般是用砂罐，经过砂层一层层过滤，滤去水中的大颗粒的矿物盐类结晶、细砂、泥土等；精滤是用砂滤棒或微孔烧结管装置过滤，滤掉悬浮物和一些微生物；超滤一般用聚砜中空纤维超滤膜技术装置过滤，截留的相对分子质量范围在 6 000～400 000，滤去胶粒状小颗粒及经灭菌后的菌体。

> 1. 取水检查：原水房是否被任何外界环境所污染；取水系统是否密封完好，输水管道是否完整，有无漏水；水井是否有污染的情况发生；做好水房的记录，并记录上个总工作日总的取水量。

> 2. 前过滤：打开原水泵进水阀门，打开气动阀，设备处于运行状态关闭排气阀，根据水质检测结果，确定絮凝剂填加流量，注意压力的变化，保证运行压力≤0.35MPa。
>
> 每4h记录一次多介质和活性炭过滤器及其附助设备运行参数（压力等），如有异常，应及时处理并报告组长。每小时检测一次产水水质，并做好记录。每天测定一次污染指数SDI值，并做好记录。

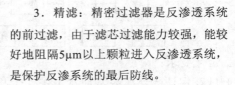

3．精滤：精密过滤器是反渗透系统的前过滤，由于滤芯过滤能力较强，能较好地阻隔5μm以上颗粒进入反渗透系统，是保护反渗系统的最后防线。

随时观察精密过滤器设备的运作状况，如有异常，应及时处理并报告组长。随时关注精密过滤器的工作压力，每4h记录一次。

4．超滤：每半小时记录一次超滤及其辅助设备运行参数（压力等），如有异常，应及时处理并报告组长。每小时检测一次产水水质，并做好记录。

5．臭氧杀菌：检查臭氧机及其辅助设施是否处于正常状态。检查气源压力是否达到要求（要求0.7MPa）。

随时观察臭氧机设备的运作状况，每4h记录一次设备工作参数，每小时检测一次成品水的臭氧浓度。

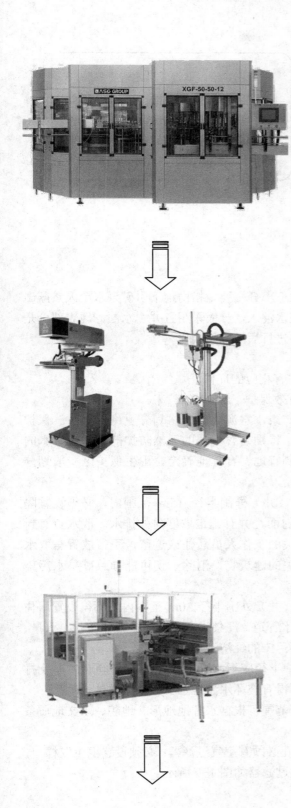

6. 灌装：先开启空气净化系统，然后开启洗瓶机检查洗瓶水压，并确保洗瓶水压≥0.2MPa，观察每一个洗瓶头，并确保每一个洗瓶头正常喷水。启动灌装机，排水冲洗5min，并做到每一个灌装头都要排水。开始灌装前，灌装头水样必须经品质部品控员确认电导率、臭氧浓度、pH 值等指标，均合格后方可灌装。

每天必须记录开停机的时间、洗瓶机水压、冲机的时间。

7. 打码：开机后设定打码格式，并试验打码多次，生产中途检查记录。打码要严格按照规定的格式和时间进行喷码，做到喷码清晰、端正，时间和格式正确且激光喷码与油墨喷码时间相同，并打印在同一平面。

每半小时检查打码质量并记录，当打码出现异常时，应立即停机调试。当两码数量不一致时应立即查找原因及漏码的产品。

8. 封箱：开启封箱机和封胶机（热熔胶/胶带），加入热熔胶/胶带。装入规定纸箱后，试成型和封胶，并检查效果，确定符合要求后才能正常运行。

若使用热熔胶机时，应密切关注胶的温度及粘胶的牢固度，确保装入产品后不漏箱。每半小时检查和记录一次。

9．装箱：检查纸箱的外观质量和产品重量情况，如有异常立即通知装箱岗位调整，并对封箱不牢的纸箱重新封箱。

出现倒瓶或者缺瓶情况应立即剔出问题纸箱，通知下游岗位及时处理问题。

二、生产工艺及设备

1．引水

引水过程一般分为地下和地表两个部分。地下部分主要是指由地下引矿泉水至天然露出口或地上出口，需对矿泉水进行密封，避免地表水混入，一般采用打井引水法。地表部分是把矿泉水从最适当的深度引到最适当的地表，再进行后续加工。

引水工程需要注意：

（1）水源地的开采水井必须是合法开采的并有相应的证件。

（2）引水工程的水源地周围环境必须得到有效保护。

矿泉水引水的水源地，尤其是天然出露型矿泉水水源地应严格划分卫生保护区。保护区的划分应结合水源地的地质、水文地质条件，特别是含水层的天然防护能力、矿泉水的类型，以及水源地的卫生、经济等情况，因地制宜地、合理地确定。卫生保护区一般划分为一、二、三级。

1）第一卫生防护区。第一卫生防护区在泉（井）外围半径 15m 范围内，必须设置隔离墙。该范围内应由厚度为 20cm 以上的水泥封面，并有一定坡度向外排水。取水点有封闭式建筑物，并有专人管理。该范围内严禁无关的工作人员居住或逗留，不得放置与取水无关的设备或物品，禁止建造与矿泉水引水无关的建筑物，消除一切可能导致矿泉水污染的因素。

2）第二卫生防护区。第二卫生防护区在泉（井）外围半径 30m 范围内，不得设置居住区、厕所、水坑，不得堆放垃圾、废渣或铺设污水管道，严禁设置可导致矿泉水水质、水量、水温改变的引水工程，严禁进行可能引起含水层污染的经济工程活动。

3）第三卫生防护区。第三卫生防护区其防护半径应不小于100m，在该范围内，禁止排放工业、生活废水，严禁使用农药、化肥，并不得有破坏水源地水文地质条件的活动。

上述各级卫生防护区必须设置固定标志，其范围可根据水源地地形、地貌、水文地质条件和周围环境卫生状况适当扩大。

（3）取水系统必须密封，与外界相通的换气孔必须有空气过滤器；必须设置卫生取样口，并定期进行抽水指标及水质监测。取水口和空气过滤器如图1-9所示。

图 1-9　取水口和空气过滤器

（4）引水时需要大量的水泵、输水管，而矿泉水含盐量较高、化学腐蚀性强，因此在开采时一般选用不锈钢或耐腐蚀工程塑料等性质稳定的管材，防止由于渗漏导致水的物理、化学性质发生变化。另外，离心泵的搅拌会使水中气体溢出，因此一般选不锈钢齿轮泵来抽取矿泉水。

2．曝气

曝气是使矿泉水原水与经过净化了的空气充分接触，使它脱去其中的二氧化碳（CO_2）、硫化氢（H_2S）等气体，并发生氧化作用，通常同时包括脱气和碱化两个过程。

矿泉水中含有 CO_2 及 H_2S 等多种气体时，水溶液呈酸性，可溶解大量金属离子。矿泉水从地下抽出后，对泉水而言压力有所下降，水与空气接触，矿泉水中的 CO_2 大量释放出来，溶解的金属盐类沉淀，水的 pH 值升高。矿泉水中含有的 H_2S 等气体和铁等金属盐类装瓶后会产生异味及氢氧化物沉淀，影响产品感官指标。因此，通过曝气使矿泉水原水与空气充分接触，可以脱除各种气体，驱除不良气味。气体脱除后，泉水由原来的酸性变为碱性，促使金属盐类形成沉淀，从而降低了水的硬度，提高了矿泉水的品质。曝气工序通过使水在空气中喷洒，充分与空气接触以达到以下目的：排出 H_2S 等有恶臭的挥发性物质；使水中的低价铁、锰等离子氧化后沉淀或被吹走。

曝气主要有自动式曝气和强制式曝气两种方式。自动式曝气是将原水通过喷头从高往下喷淋，使水与空气充分接触，达到曝气的目的。强制式曝气可采用叶轮表面强制曝气；也可在泉水喷淋时，用鼓风机的强大气流强化曝气，以增强曝气效果。

曝气工作过程如下：

（1）地下矿泉水由潜水泵引出，引至淋水曝气盘，在地下矿泉水通往淋水曝气盘过程中，通过空气引射器与空气混合，在淋水曝气盘喷洒。

（2）待处理的水通过莲蓬头上的小孔而成为许多小水滴，借重力向下喷洒于集水池中。在水滴向下降落的过程中，空气中的氧气溶入其中，而待处理水中所含的游离的二氧化碳就会迅速向空气中逸散。由于空间大，所以能较好地达到曝气的目的。水在喷洒过程中充分与空气接触，空气进入水中，水中原来溶解的 H_2S 等气体排出。经曝气溶解空气的水进入水池中，在水池中的低价铁锰等离子氧化后沉淀到水池底部。

3. 锰砂过滤器

我国很多地区地下水含铁量达 5～15mg/L，最高地区可达 20～39mg/L，含锰量达 0.5～2.0mg/L，甚至超过 2.0mg/L。铁超标地下水以 Fe^{2+} 状态存在的，所以刚抽上来时，水质清澈干净，但有铁腥味。时间稍长，水质即变混浊。

锰砂过滤器（如图 1-10 所示）是一种采用锰砂作为填料的过滤器。水中除铁除锰必须曝气，通过空气中的氧使二价铁、二价锰氧化，生成 $Fe(OH)_3$，MnO_2，根据水中铁锰含量的高低，可选用射流曝气或空心多面球曝气。采用一级或多级锰砂过滤器过滤，即可满足处理要求，使出水含铁量降为 0.3mg/L，含锰量降为 0.1mg/L，符合国家生活饮用水标准。锰砂过滤器的独特优点还在于通过优化滤料和过滤器的设计，实现了过滤器的自适应运行，滤料对原水浓度、操作条件、预处置工艺等具有很强的自适应性，即在过滤时滤床自动形成上疏下密状态，有利于在各种运行条件下保证出水水质，反洗时滤料充分散开，清洗效果好。

图 1-10　锰砂过滤器

4. 精密过滤

此内容详见"任务 1-1　饮用纯净水的加工"。

5. 超滤过滤

（1）超滤设备工作原理

超滤是一种以筛分为分离原理，以压力为推动力的膜分离过程，过滤精度在 0.005～0.01μm 范围内，可有效去除水中的微粒、胶体、细菌、热源及高分子有机物质。超滤可广泛应用于物质的分离、浓缩、提纯。超滤过程无相转化，常温下操作，对热敏性物质的分离尤为适宜，并具有良好的耐温、耐酸碱和耐氧化性能，能在 60℃以下，pH 为 2～11 的条件下长期连续使用。超滤原理如图 1-11 所示。

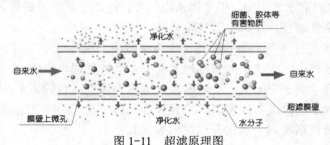

图 1-11　超滤原理图

（2）超滤膜的分类

超滤膜按结构不同分为板框式（板式）、中空纤维式、管式、卷式等多种结构。其中，中空纤维超滤膜是超滤技术中最为成熟与先进的一种形式。中空纤维外径 0.4～2.0mm，内径 0.3～1.4mm，中空纤维管壁上布满微孔，孔径以能截留物质的分子量表达，截留分子量可达几千至几十万。原水在中空纤维外侧或内腔加压流动，分别构成外压式与内压式中空超滤膜。超滤是动态过滤过程，被截留物质可随浓缩液排出而不致堵塞膜表面，可长期连续运行。

6. 臭氧灭菌

此内容详见"任务 1-1　饮用纯净水的加工"。

7. 灌装

此内容详见"任务 1-1　饮用纯净水的加工"。

 **任务实施**

一、领取学习任务

生产任务单						
产 品 名 称	产品规格	生 产 车 间	单　位	数　量	开 工 时 间	完 工 时 间
矿泉水	550mL	矿泉水生产车间	箱	100		

二、填写任务分工表

任务分工表				
序　号		操 作 内 容	主 要 操 作 者	协 助 者
1		工具领用		
2		材料领用		
3		检查及清洗设备、工具		
4		原材料准备		
5		设备准备		
6	矿泉水的生产	前过滤		
7		精密过滤		
8		超滤		
9		杀菌		
10		灌装		
11		包装		
12		生产场地、工具的清洁		
13				
14	产品检验			
15				
16				
17				

三、填写任务准备单

车间设备单			
序　号	设 备 名 称	规　格	使 用 数 量
1	空气过滤器	台	
2	锰砂过滤器	台	
3	精密过滤器	台	
4	多介质过滤器	台	
5	活性炭过滤器	台	
6	臭氧机	台	
7	超滤过滤器	台	
8	三合一灌装机	台	
9	封箱机	台	
10	打码机	台	
11	喷墨机	台	
12	码垛机	台	

原辅料领料单						
领料部门			发料仓库			
生产任务单号			领料人签名			
领料日期			发料人签名			
序　号	物 料 名 称	品 牌 规 格	单价/元	发料数量	小计/元	合计/元
1	聚合氯化铝					
2	氢氧化钠					
3	PET 塑料瓶					
4	HDPE 塑料瓶盖					
5	PVC 标签					

四、产品检验标准

根据 GB 8537—2008《饮用天然矿泉水》，所有出厂的矿泉水的质量要达到以下几项指标。

1. 感官指标

项　　目		要　　求
色度/度	≤	15（不得呈现其他异色）
混浊度/NTU	≤	5
臭和味		具有矿泉水特征性口味，不得有异臭、异味
可见物		允许有极少量的天然矿物盐沉淀，但不得含有其他异物

2. 理化指标

（1）界限指标

应有一项（或一项以上）指标符合下表的规定。

项　目		要　求
锂/（mg/L）	≥	0.20
锶/（mg/L）	≥	0.20（含量在 0.20～0.40mg/L 时，水源水水温应在 25℃以上）
锌/（mg/L）	≥	0.20
碘化物/（mg/L）	≥	0.20
偏硅酸/（mg/L）	≥	25.0（含量在 25.0～30.0mg/L 时，水源水水温应在 25℃以上）
硒/（mg/L）	≥	0.01
游离二氧化碳/（mg/L）	≥	250
溶解性总固体/（mg/L）	≥	1 000

（2）限量指标

项　目		要　求
硒/（mg/L）	<	0.05
锑/（mg/L）	<	0.005
砷/（mg/L）	<	0.01
铜/（mg/L）	<	1.0
钡/（mg/L）	<	0.7
镉/（mg/L）	<	0.003
铬/（mg/L）	<	0.05
铅/（mg/L）	<	0.01
汞/（mg/L）	<	0.001
锰/（mg/L）	<	0.4
镍/（mg/L）	<	0.02
银/（mg/L）	<	0.05
溴酸盐/（mg/L）	<	0.01
硼酸盐（以 B 计）/（mg/L）	<	5
硝酸盐（以 NO_3^- 计）/（mg/L）	<	45
氟化物（以 F^- 计）/（mg/L）	<	1.5
耗氧量（以 O_2 计）/（mg/L）	<	3.0
^{226}镭发射性/（Bq/L）	<	1.1

（3）污染物指标

项　目		指　标
挥发酚（以苯酚计）/（mg/L）	<	0.002
氰化物（以 CN^- 计）/（mg/L）	<	0.010
阴离子合成洗涤剂/（mg/L）	<	0.3
矿物油/（mg/L）	<	0.05
亚硝酸盐（以 NO_2^- 计）/（mg/L）	<	0.1
总 β 反射性/（Bq/L）	<	1.50

3. 微生物指标

项　目	指　标
大肠菌群/（MPN/100mL）	0
粪链球菌/（CFU/250mL）	0
铜绿假单胞菌/（CFU/250mL）	0
产气荚膜梭菌/（CFU/250mL）	0

注：1. 取样 1×250mL（产气荚膜梭菌取样 1×50mL）进行第一次检验，符合上表要求，报告为合格。

2. 检测结果大于等于 1 并小于 2 时，应按下表采取 n 个样品进行第二次检验。

3. 检测结果大于等于 2 时，报告为"不合格"。

项　目	指　标			
	n	c	m	M
大肠菌群	4	1	0	2
粪链球菌	4	1	0	2
铜绿假单胞菌	4	1	0	2
产气荚膜梭菌	4	1	0	2

注：n——一批产品应采集的样品件数。

c——最大允许可超出 m 值的样品数，超出该数值判为不合格。

m——每 250mL（或 50mL）样品中最大允许可接受水平的限量值（CFU）。

M——每 250mL（或 50mL）样品中不可接受的微生物限量值（CFU），等于或高于 M 值的样品均为不合格。

五、产品质量检验

1. 产品质量检验流程

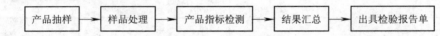

产品抽样 → 样品处理 → 产品指标检测 → 结果汇总 → 出具检验报告单

2. 检验报告

产品检验报告单			
			报告单号：
产品名称		产品生产单位	
型号规格		生产日期	
委托检验部门		收样时间	
委托人		收样地点	
委托人联系方式		样品数量	
收样人		封样数量	
样品状态		封样贮存地点	
封样人员		检测日期	
检验依据			
检验项目	感官指标、理化指标、大肠菌群、铜绿假单胞菌、粪链球菌、产气荚膜梭菌		
检验各项目	合格指标	实测数据	是否合格
检验结论			

编制：　　　　　　　　审核：

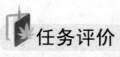 **任务评价**

实训程序	工作内容	技能标准	相关知识	单项分值	满分值
准备工作	清洁卫生	能发现并解决卫生问题	操作场所卫生要求	5	10
	准备并检查设备和工具	1. 准备本次实训所需所有仪器和容器 2. 仪器和容器的清洗和控干 3. 检查设备运行是否正常	1. 清洗方法 2. 不同设备的点检	5	
水源	检查水房	检查取水系统是否被污染	水房的卫生注意事项	15	15
前过滤	前过滤	对锰砂、多介质、活性炭过滤设备进行正确选型并能使用锰砂、多介质过滤、活性炭过滤设备	锰砂、多介质过滤、活性炭设备的注意事项	10	10
精滤	精密过滤	根据原水状况选择精滤设备型号，并能使用精滤设备	使用精滤设备的注意事项	10	10
超滤	超滤	根据水质分析选择超滤设备并能使用超滤设备	使用超滤设备的注意事项	10	10
杀菌	成品水的灭菌	掌握瓶装水灭菌的方法	选用臭氧灭菌方法	10	10
灌装	灌装、封口	能使用三合一灌装机	使用三合一灌装机的注意事项	10	10
实训报告	实训内容	实训完毕能够写出实训具体的工艺操作流程		10	25
	注意事项	能够对操作中重要问题进行分析比较		5	
	结果讨论	能够对实训产品做客观的分析、评价、探讨		10	

考核内容	满分值	水平/分值		
		及格	中等	优秀
清洁卫生				
准备并检查设备和工具				
水源				
前过滤				
精滤				
超滤				
杀菌				
灌装				
实训内容				
注意事项				
结果讨论				

任务 2 >>>

碳酸饮料的加工

碳酸饮料俗称汽水，是指在特定条件下充入二氧化碳气体的软饮料。碳酸饮料作为一种传统软饮料，具有清凉解暑、补充水分的功能。目前，碳酸饮料有可乐型、果味型、果汁型、低热量型、其他型。近年来，我国碳酸饮料产量保持稳定增长，但其在软饮料产量中的所占比例不断下降。

>>> 任务 2-1 可乐型碳酸饮料的加工

碳酸饮料作为传统饮料的中坚力量，尽管近年来增速减缓，但它在饮料市场仍占有一席之地，短时间内不会被其他饮料所取代。在国际饮料市场上，各类饮料竞争激烈，时沉时浮，但可乐型饮料的消费量一直以它的优势压倒其他饮料。目前，中国碳酸饮料市场已处于饱和状态。从品牌格局上看基本处于两乐（可口可乐与百事可乐）垄断的局面，在可乐型碳酸饮料中，可口可乐的市场占有率为 51.9%，百事可乐为 45.0%，其他品牌仅为 3.1%。

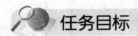 任务目标

（1）知道制作可乐型碳酸饮料的工艺流程和关键控制环节。

（2）在教师的指导下，能根据生产任务单制订工作计划，填写人员分工表和领料单，会操作所需用到的加工设备（溶糖缸、二氧化碳混合机、配料缸、洗瓶机、三合一灌装机等）。

（3）能对碳酸饮料生产过程中出现的质量问题（杂质、沉淀、CO_2 含量不足等）提出改进意见。

生产流程

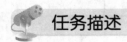 任务描述

根据生产任务计划单，组长制订可乐型碳酸饮料生产及检验的详细工作安排（包括人员分工、设备点检、原辅材料的领用、仓库分配），严格按生产工艺规范进行生产，生产过程中严格控制关键控制点，并做好生产过程的记录，及时判断问题、排除故障，最后对产品进

行检验，出具检验报告。

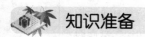 知识准备

一、可乐型碳酸饮料的生产

涉及碳酸饮料的国家标准有三个，分别是 GB/T 10792—2008《碳酸饮料（汽水）》、GB 2759.2—2003《碳酸饮料卫生标准》和 GB 10789—2007《饮料通则》。

根据 GB/T 10792—2008《碳酸饮料（汽水）》，碳酸饮料是指在一定条件下充入二氧化碳气体制品，不包括由发酵法自身产生的二氧化碳气体饮料。碳酸饮料又分为果汁型碳酸饮料、果味型碳酸饮料、可乐型碳酸饮料和其他型碳酸饮料。

可乐型碳酸饮料是指以可乐香精或类似可乐果香型的香精为主要香气成分的碳酸饮料。本任务主要介绍可乐型碳酸饮料。

1. 实验设备和材料

主要设备：溶糖缸、调配缸、饮料泵、硅藻土过滤机、二氧化碳混合机、三合一灌装机、打码机、装箱机、封箱机、码垛机等。

主要材料：自来水、二氧化碳、白砂糖、柠檬酸、可乐香精、苯甲酸钠、磷酸、焦糖色素、果葡糖浆、硅藻土、助滤剂、氢氧化钠、PET 塑料瓶、HDPE 盖、PVC 标签等。

2. 工艺流程

碳酸饮料的加工工艺分为一次灌装法和二次灌装法。一次灌装法是较先进的加工工艺，大型碳酸饮料公司都采用该法。一次灌装法相对于二次灌装法设备投入大，卫生要求高，但由于其适合大规模连续生产，故被大多数碳酸饮料公司所采用。工艺流程图如下：

1. 溶糖：加水前再次确认溶糖缸底阀、取样口等阀门处于关闭状态；溶糖加热工艺水温需≥85℃。加水至预定水位，查看温度表数值是否达到85℃以上，记录加水完成时间。抬取白砂糖至溶糖缸进料口，解开糖袋封口绳，往漏斗内倒糖。倒糖过程中注意观察白砂糖外观应正常、无严重受潮结块、无变质发霉、无异物存在。

2．过滤：将澄清良好的溶液，加入预定量的硅藻土，搅拌均匀，循环不断加入到过滤机内，约15～20min，至过滤的预涂液澄清时，结束预涂。关闭预涂液出口阀，打开排气阀，泵入添加硅藻土的待滤液，当空气排尽时，关闭排气阀。打开过滤机的排料阀，观察桶内滤液情况，当液体达到要求时，关闭此阀。停止过滤时，将出口阀关闭，打开排气阀，过滤机的液体便由泵流回容器内。一般操作压力为0.6MPa左右，如果压力超过1.2MPa且流量降低时，则应停止过滤，进行洗涤操作并及时更换助滤剂和滤布。

3．调配：使用热水前需检查调配缸是否在用水，热水温度是否达到85℃，领取调配中使用的香精，对小料的品质进行确认，品质正常方可使用。

4．混合：检查供料管道、混合机是否清洗合格；检查供料管道的转换板管道接合是否正确。调配好的料液从供料管道打入混合机前，要测来料的糖度，当测量结果与调配工序的完成糖浆糖度相同时即可供料给混合机；如果与完成糖浆不符合，排放掉料液，继续调配测量，直到与完成糖浆相同。

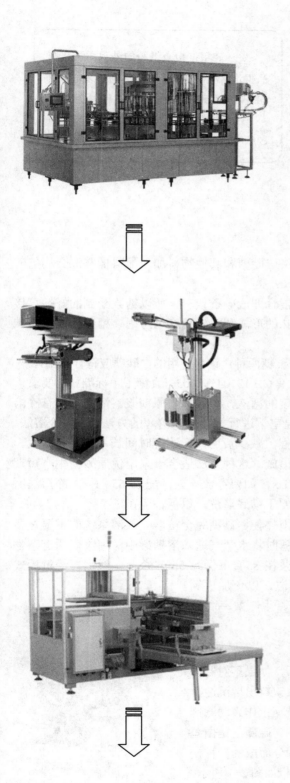

5．灌装：确定每班次生产产品的品种、批号；检查并确认本班次生产的产品所用的原辅料的正确性，并对原辅料的厂家、生产日期、生产批号、保质期等方面做好详细的记录，以备追溯；开机前应先对下盖间进行检查，检查盖子、塞子是否已经进行紫外杀菌，盖子的暖盖温度是否达到25～32℃，下盖间的卫生情况是否良好，达到质量要求。每30min测定并记录感官指标、白利度、二氧化碳指标。

6．打码：开机后设定打码格式，并试验打码多次，生产中途检查记录。打码要严格按照规定的格式和时间进行喷码，做到喷码清晰、端正，时间和格式正确且激光喷码与油墨喷码时间相同，并打印在同一平面。

每半小时检查打印码质量并记录，当打码出现异常时，应立即停机调试。当两码数量不一致时应立即查找原因及漏码的产品。

7．封箱：开启开箱机和封箱机（热熔胶/胶带），加入热熔胶/胶带。装入规定纸箱后，试成型和封胶，并检查效果，确定符合要求后才能运行。

使用热熔胶机时，应密切关注胶的温度及粘胶的牢固度，确保装入产品后不漏箱，每半小时检查和记录一次。

8．装箱：检查纸箱的外观质量和产品重量情况，如有异常立即通知装箱岗位调整，并对封箱不牢的重新封箱。

出现倒瓶或者缺瓶情况应立即剔出问题纸箱，通知下游岗位及时处理问题。

二、生产工艺及设备

1．溶糖

溶糖是碳酸饮料生产的关键步骤。它是指将白砂糖和其他物料加入配料桶并混合均匀的过程。

由于糖浆是饮料的主体之一，它与碳酸水混合即成碳酸饮料，所以糖浆配制的好坏直接影响产品的一致性和质量。因此，从质量、风味的形成和卫生角度来考虑，糖浆的制备是碳酸饮料生产中极为重要的工序。

白砂糖是饮料常用的甜味剂，有甜菜糖和甘蔗糖两种。饮料使用的白砂糖应符合 GB 317—2006《白砂糖》的中优级和一级标准的要求，以及 GB 13104—2005《食糖卫生标准》的要求。

把定量的白砂糖溶解，制得的具有一定浓度的糖液，一般称为原糖浆。溶糖方法有冷溶法和热溶法两种。将白砂糖直接加入水中，在温室下进行搅拌使其溶解的方法，称为冷溶法。采用冷溶法生产糖浆，可省去加热和冷却的过程，减少费用，但溶解时间长，设备体积大，利用率差，而且必须具有非常严格的卫生控制措施。这种方法适合于采用优质砂糖生产短期内饮用的饮料的糖浆，浓度一般配成 45～65°Bx，如要存放一天，配成 65°Bx。冷溶法所用设备一般采用内装搅拌器的不锈钢桶，设备便于彻底清洗，以保证无菌。

热溶法是将白砂糖和水一起加热，并不断搅拌使白砂糖完全溶解。热溶系统的主要设备有糖化锅、糖浆泵、过滤器、配置容器等。溶糖时将水蒸气通入溶糖罐中，糖浆表面有杂物浮出，需用筛子除去。待糖完全溶化后，将糖浆在 85℃下保温 5min 杀菌，然后再经过板式换热器冷却至 40～50℃，但不可长时间保持高温，以免加重颜色并产生焦糖味。由于热溶法具有生产纯度高、生产效率高等优点，大多数企业采用此方法。

2．过滤

由于白砂糖中含有灰尘、色素和胶体等杂质，如果不对制得的原糖浆进行过滤除去糖液中的杂质，常会导致饮料出现沉淀、絮凝、变色等质量问题。硅藻土过滤机是采用硅藻土作为助滤剂的过滤设备，是制作饮料时常用的一种过滤设备。硅藻土是由海中硅藻类的遗骸沉淀下来，再经破损、磨粉、筛分而成的一种松散粉粒颗粒，主要成分是二氧化硅。硅藻土过滤机如图 2-1 所示。

图 2-1　硅藻土过滤机

（1）硅藻土过滤机的工作过程　在密闭不锈钢容器内，自下而上水平放置不锈钢过滤圆盘，圆盘的上层是不锈钢滤网，下层是不锈钢支撑板，中间是液体收集腔。过滤时，先进行硅藻土预涂，使盘上形成一层硅藻土涂层，待过滤液体在泵压力作用下，通过预涂层而进入收集腔内，颗粒及高分子被截流在预涂层，进入收集腔内的澄清液体通过中心轴流出容器。

（2）硅藻土过滤机的操作流程

1）预涂硅藻土。预涂是过滤机的重要步骤。将 150～200kg 澄清良好的溶液，加入硅藻土 2.5～3kg，搅拌均匀，循环不断加入到过滤机内，约 15～20min，至过滤的预涂液澄清时，结束预涂。

2）排气。关闭预涂液出口阀，打开排气阀，泵入添加硅藻土的待滤液，当空气排尽时，关闭排气阀。

3）过滤。打开过滤机的排料阀，观察桶内滤液情况，当液体达到要求时，关闭此阀，开始正常澄清过滤。

4）停止。停止过滤时，将出口阀关闭，打开排气阀，过滤机的液体便由泵流回容器内。一般操作压力为 0.6MPa 左右，如果压力超过 1.2MPa 且流量降低时，则应停止过滤，进行洗涤操作并及时更换助滤剂和滤布，该操作必须在规定卫生条件下进行。更换的助滤剂和滤布经清洗、干燥后可重复使用。

3．糖浆调配

糖浆的调配决定了碳酸饮料的最终风味和色泽，它是由制备好的原糖浆加入各种添加剂等物料而制成的。

调配缸（如图 2-2 所示）又称为配料缸、混料缸和配置缸。调配缸的结构包含缸体、搅拌浆、进料口、出料阀等，为方便清洁卫生，上述结构都是由不锈钢 1Cr18Ni9Ti 制成。调配的过程是：当调配缸中糖液加入一定量时，在不断搅拌的条件下，将事先配置好的各种所需的原辅料依次加入，搅拌均匀，制成调和糖浆。

图 2-2　调配缸

使用调配缸调配时，根据不同饮料的配方和工艺不同，加料顺序稍有不同，但大致一样。

其添加顺序如下:

1）原糖浆。测定其糖度和体积。

2）25%苯甲酸钠溶液。苯甲酸钠用温水溶解、过滤。

3）50%糖精钠溶液。糖精钠用温水溶解、过滤。

4）酸溶液。50%的柠檬酸溶液或柠檬酸用温水溶解并过滤后使用。

5）果汁。

6）香料。

7）色素。用热水溶化后制成5%的水溶液。

8）混浊剂。稀释、过滤后使用。

9）加水至规定体积。

配料时应注意以下事项:

1）各种原料要分别溶化、添加,边加边搅拌混匀,但不应过度搅拌,以免过多混入空气,妨碍碳酸化过程,或导致灌装时起泡,促使饮料的氧化或搅拌后的脱气时间加长。

2）糖精钠和苯甲酸钠应在加酸和果汁之前加入,否则糖精钠和苯甲酸钠在酸性糖浆中析出,产生沉淀后很难再溶解。

3）调配好的调味糖浆应测定其糖度,同时进行味觉试验。可以抽取少量调味糖浆,加入定量碳酸水,制成成品小样,观察其色泽并评味,检查是否与标准样相符合。

4）调味糖浆调配后应尽快使用,特别是乳浊型饮料,存放时间过长会出现分层现象。

4. 碳酸化

（1）二氧化碳的作用

二氧化碳在碳酸饮料中的主要作用是清凉,碳酸在人体内吸热分解,把体内热量带走;碳酸饮料中二氧化碳产生的压力,可以抑制微生物的繁殖;碳酸饮料产生令人舒服的杀口感,也是由二氧化碳形成的。

（2）碳酸化的原理

水吸收二氧化碳的作用一般称为二氧化碳的饱和作用或碳酸化作用。水和二氧化碳的混合过程实际上就是一个化学反应的过程:

$$CO_2+H_2O \rightarrow H_2CO_3$$

这个化学反应符合气体定律中的亨利定律和道尔顿定律。亨利定律的原理是气体溶解在液体中,在一定温度和压力的条件下,一定量的液体中的溶解气体量和液体在平衡时的气体压力成正比。道尔顿定律的原理是混合气体的总压力等于各组成气体的分压力之和。

（3）二氧化碳在液体中的溶解量

二氧化碳在液体中的溶解量依下列因素而定:

1）气液体系的绝对压力和液体的温度。

2）二氧化碳的纯度和液体中存在的溶质的性质。

3）气体和液体的接触面积和接触时间。

在温度不变的情况下,压力增加,溶解度也随之增加。在0.491MPa以下的压力时,溶解度—压力曲线近似于一条直线,也就是服从亨利定律,即当温度不变时,溶解气体的体积与绝对压力成正比。其关系为

$$S=10.204Hp_1=10.204H（p+0.098）$$

式中　S——溶解量（体积倍数）；

　　　p_1——绝对压力（MPa）；

　　　p——表压力（MPa）；

　　　H——亨利系数（可查阅工程水册中二氧化碳的亨利系数）（体积单位 MPa）。

5．二氧化碳的获得

大多数可乐工厂所购食用级的二氧化碳多为液体状的，装于耐压钢瓶内运送。大型汽水厂多备有大型储气罐，可直接连接钢瓶组合架（或连接净化器）。

当打开钢瓶出口时二氧化碳即挥发成气体，压力可达 8MPa，当不需要净化时，必须有降压站才能送入混合机。最普通的降压站只用一个降压阀，气体通过可调节的降压阀把压力降到混合机所需要的压力。用气量较大的降压站可分为两段降压。二氧化碳通过降压阀时，由于压力骤降，会吸收大量的热，以致使降压阀结霜或冻结。一般在降压阀前安装有气体加热器，必要时以电热空气或热水加热蛇形气体管道，使钢瓶出来的气体温度升高，这样通过降压阀膨胀降温时，不致冻结阀芯。

碳酸化过程中的注意事项：

1）保持合理的碳酸化水平。

2）保持灌装机一定的过压程度。

3）将空气混入控制在最低限度。

4）保证水或产品中无杂质。

5）保证恒定的灌装压力。

6．汽水混合

二氧化碳混合机（如图 2-3 所示）是制造碳酸饮料的关键设备。它的作用是在一定的工艺条件下，使饮料液与二氧化碳充分混合溶解，成为碳酸饮料。用汽水混合机加工，原理是将经冷却的水喷入具有一定二氧化碳气体压力的容器中，低温水可以溶解一部分二氧化碳，溶解量与温度成反比，与压力成正比。

图 2-3　二氧化碳混合机

　　二氧化碳混合机的类型有很多种，如薄膜式混合机、喷雾式混合机、喷射式混合机、填料塔式混合机、静态混合器等。

　　（1）二氧化碳混合机（喷雾式）的操作流程：

　　1）把水箱阀打开，待真空泵三角阀自压出水后，把二氧化碳压到 0.28～0.3MPa 再赶出罐中空气。

　　2）用电器系统控制液位水泵。

　　3）系统自动运行，调整糖浆和水的流量计比例，把进水阀和糖浆阀开大，再把水泵左边三角阀调到水的流量计需要位置（水 1000；浆 200）调整进水阀和糖浆阀。

　　4）根据糖浆配制浓度，经过试验，确定流量到某一刻度达到要求，以后工艺即按此刻度进行，调好后勿再轻易动进水阀和糖浆阀。

　　5）二氧化碳分二路：由二个减压阀控制，一般不超过 0.3MPa，根据工艺需要调定，二氧化碳总管进气压力调定为<0.4MPa（等压灌装时二氧化碳分开用，各自一个钢瓶）。

　　6）设备停止运转后，必须清洗，用泵冲洗时也可加入漂白粉等杀菌剂，要冲洗干净。

　　7）混合罐内的气化层，在使用一个月左右后，最好把罐顶拧开后进行清洗消毒，再安装（发现含气不足时，同样采取上述办法处理）。

　　（2）质量品质的监控：

　　1）混合前的监控

　　检查供料管道、混合机、灌装机是否清洗合格。

　　检查供料管道的转换板管道接合是否正确。

　　2）混合过程中监控

　　调配好的料液从供料管道打入混合机前，要测来料的糖度，当测量结果与调配工序的完成糖浆糖度相同时即可供料给混合机；如果与完成糖浆不符合，排放掉料液，继续测量，直到与完成糖浆相同。

　　完成糖浆在管道内按照一定的比例，加入纯净水和气体，并冷却至 4℃左右，打入混合机。

　　当混合机提示取样测量时，测糖度，如果与产品要求相符合，即可向灌装机供料；如果不符合要求，继续混比，直到合格为止。

　　3）混合后的监控

　　混合合格后的产品打入灌装机，灌装出的前几瓶产品的各项理化指标均合格后，方能开机生产；如果不合格，从灌装头排放部分料液，直到合格为止。

　　当本批生产结束或调配罐料液用完时，生产要进行水顶料操作，这时要监控糖度的变化，当不符合产品标准时，即可排掉剩余料液。

　　当生产过程中，调配工序换罐时，要即时监控糖度的变化，如有波动时，提醒操作工及时调整参数，保证产品合格。

　　7. 灌装

　　全自动灌装系统通常是由洗瓶、灌糖浆和封盖组成，大都是由三个独立的机构完成，即由洗罐机、灌装机、封罐机三台单独传动的设备完成。此处主要讲解灌装机（如图 2-4

所示），封罐机在后面部分介绍。

图 2-4 灌装机

一次灌装法（预调式）：水与调味糖浆按一定比例预先调好，再经冷却混合，成品达一定含气量灌入容器中。优点：设备先进，生产效率高；糖浆与水的比例准确度高，容器容量变化时无需改变加注量比例，产品质量稳定；糖浆和水混合温度一致，气泡小。缺点：不适宜灌装带果粒的汽水；设备复杂不易清洗，同时对卫生要求高。

二次灌装法（现调式）：水先经冷却和碳酸化，然后再与调味糖浆分别灌入容器中调和成汽水。优点：加料机比调和机结构简单，管道有各自的系统，容易分别清洗；灌水机漏水时不损失糖浆。缺点：糖浆与混合机中出来的水温不一致，容易起泡沫；糖浆事先未被碳酸气饱和，必须提高碳酸水的含气量。

灌装的质量要求：

（1）达到预期的碳酸化水平，保证糖浆和水的准确比例。碳酸饮料的碳酸化程度应保持一个合理的水平，二氧化碳含量必须符合规定要求。成品含气量不仅与混合机有关，灌装系统也是主要的决定因素。采用二次灌装法的成品饮料最后糖度取决于灌浆量、灌装高度和容器的容量，需要保证糖浆量的准确度和控制灌装高度。而现代化的一次灌装法要保证配比器正确运行。

（2）保证合理、一致的灌装高度。灌装高度的精确性与保证内容物符合规定标准、商品价值和适应饮料与容器的膨胀比例有关。例如，二次灌装法下的灌装高度直接影响糖浆和水的比例，当灌装太满，顶隙小，饮料由于温度升高而膨胀时，会导致压力增加，产生漏气和爆瓶等现象。

（3）容器顶隙应保持最低的空气量。顶隙部分的空气含量多，会使饮料中的香气或其他成分发生氧化作用，导致饮料变味、变质。

（4）密封严密有效。密封是保护和保持饮料质量的关键因素，瓶装饮料无论是皇冠盖还是螺旋盖都应密封严密，压盖时不应使容器有任何损坏，金属罐卷边质量应符合规定的要求。

（5）保持产品的稳定性。不稳定的产品开盖后会发生喷涌和泡沫外溢现象。造成碳酸饮料产品不稳定的因素主要有过度碳酸化、过度饱和、存在杂质、存在空气以及灌装温度高或温差较大等。任何碳酸饮料在大气压力下都是不稳定的（过饱和），而且这种不稳定性随碳酸化程度和温度升高而增加，因此冷瓶子（容器）、冷糖浆、冷水（冷饮料）对灌装是极为有利的。

 **任务实施**

一、领取学习任务

生产任务单						
产品名称	产品规格	生产车间	单位	数量	开工时间	完工时间
可乐	450mL	PET 碳酸饮料生产车间	箱	100		

二、填写任务分工表

任务分工表				
序号	操作内容		主要操作者	协助者
1		工具领用		
2		材料领用		
3		检查及清洗设备、工具		
4		原材料准备		
5		设备准备		
6		水处理		
7	可乐的生产	溶糖		
8		过滤		
9		调配		
10		混合		
11		灌装		
12		包装		
13		生产场地、工具的清洁		
14	产品检验			
15				
16				
17				

三、填写任务准备单

车间设备单			
序号	设备名称	规格	使用数量
1	溶糖缸	台	
2	配料缸	台	
3	饮料泵	台	
4	硅藻土过滤器	台	
5	三合一灌装机	台	
6	二氧化碳混合机	台	
7	打码机	台	
8	装箱机	台	
9	封箱机	台	
10	码垛机	台	

原辅料领料单						
领料部门			发料仓库			
生产任务单号			领料人签名			
领料日期			发料人签名			
序　号	物 料 名 称	品牌规格	单价/元	发 料 数 量	小计/元	合计/元
1	聚合氯化铝					
2	氢氧化钠					
3	PET 塑料瓶					
4	HDPE 塑料瓶盖					
5	PVC 标签					
6	香精					
7	白砂糖					
8	果葡糖浆					
9	焦糖色素					
10	二氧化碳					

四、产品检验标准

根据 GB 2759.2—2003《碳酸饮料卫生标准》，所有出厂的碳酸饮料的质量要达到以下几项指标：

1. 感官指标

产品应具有主要成分的纯净色泽、滋味，不得有异味、异臭和外来杂物。

2. 理化指标

项　　　　目		指　　　标
铅（Pb）/（mg/L）	≤	0.3
总砷（以 As 计）/（mg/L）	≤	0.2
铜（Cu）/（mg/L）	≤	5

3. 微生物指标

项　　　　目		指　　　标
大肠菌群/（MPN/100mL）	≤	6
菌落总数/（CFU/mL）	≤	100
霉菌/（CFU/mL）	≤	10
酵母/（CFU/mL）	≤	10
致病菌（沙门氏菌、志贺氏菌、金黄色葡萄球菌）		不得检出

五、产品质量检验

1. 产品质量检验流程

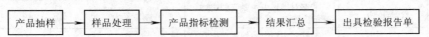

2. 检验报告

产品检验报告单			
			报告单号:
产品名称		产品生产单位	
型号规格		生产日期	
委托检验部门		收样时间	
委托人		收样地点	
委托人联系方式		样品数量	
收样人		封样数量	
样品状态		封样贮存地点	
封样人员		检测日期	
检验依据			
检验项目	感官指标、铅、总砷、铜、大肠菌群、菌落总数、霉菌、酵母菌、致病菌		
检验各项目	合格指标	实测数据	是否合格
检验结论			

编制： 审核：

 任务评价

实训程序	工作内容	技能标准	相关知识	单项分值	满分值
准备工作	清洁卫生	能发现并解决卫生问题	操作场所卫生要求	5	10
	准备并检查设备和工具	1. 准备本次实训所需所有仪器和容器 2. 仪器和容器的清洗和控干 3. 检查设备运行是否正常	1. 清洗方法 2. 不同设备的点检	5	
备料	白砂糖的选择	按照产品等级选择	白砂糖的质量标准	5	10
	食品添加剂	按照产品特点选择添加剂	按照企业标准控制主料的选择	5	
溶糖	原糖浆的制备	能按配方，掌握糖水比	溶糖搅拌的注意事项	10	30
过滤	糖浆过滤	能操作硅藻土过滤机	硅藻土过滤机的操作要点，学会预涂等关键操作	10	
调配	调配	按照配方顺序添加和添加量加入至配料桶中	添加剂的添加顺序对产品品质的影响	10	
混合	二氧化碳混合	掌握碳酸水的制备方法	碳酸化设备的使用方法以及注意事项	10	10
灌装	灌装	能使用三合一灌装机	使用三合一灌装机的注意事项	10	10
实训报告	实训内容	实训完毕能够写出实训具体的工艺操作流程		10	30
	注意事项	能够对操作中主要问题进行分析比较		10	
	结果讨论	能够对实训产品做客观的分析、评价、探讨		10	

考 核 内 容	满 分 值	水平/分值		
		及　格	中　等	优　秀
清洁卫生				
准备并检查设备和工具				
备料				
溶糖				
过滤				
调配				
混合				
灌装				
实训内容				
注意事项				
结果讨论				

>>> 任务 2-2　果味型碳酸饮料的加工

果味型碳酸饮料是以食用香精为主要赋香剂的碳酸饮料（包括含 2.5% 以下天然果汁的碳酸饮料），如柠檬汽水、橘子汽水等。用蔗糖、柠檬酸、色素以及食用香精配制成的各种水果香型的汽水，是目前产量较稳定的汽水品种，起到清凉解渴的作用。产品一般含糖量 8%～10%，含酸量 0.1%～0.2%，二氧化碳的气容量的容积倍数通常在 3～4 倍。随香精调配技术的高度发展，这种汽水的风味别具一格。

任务目标

（1）能正确加工果味型碳酸饮料。
（2）会熟练操作所需用到的加工仪器（溶糖缸、二氧化碳混合机、配料缸、洗瓶机、灌装机等）。
（3）会对果味型碳酸饮料生产过程中出现的质量问题提出改进意见。

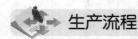

生产流程

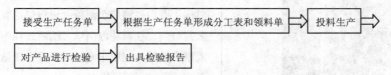

接受生产任务单 → 根据生产任务单形成分工表和领料单 → 投料生产 →

对产品进行检验 → 出具检验报告

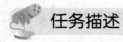

任务描述

根据生产任务计划单，组长制订果味型碳酸饮料生产及检验的详细工作安排（包括人员分工、设备点检、原辅材料的领用、仓库分配），严格按生产工艺规范进行生产，生产过程中严格控制关键控制点，并做好生产过程的记录，及时判断问题排除故障，最后对产品进行检验，出具检验报告。

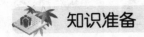 **知识准备**

一、果味型碳酸饮料的生产

涉及碳酸饮料的国家标准有三个，分别是：GB/T 10792—2007《碳酸饮料（汽水）》、GB 2759.2—2003《碳酸饮料卫生标准》和 GB 10789—2007《饮料通则》。

根据 GB 10789—2007《饮料通则》，果味碳酸饮料是以果味香精为主要香气成分，含有少量果汁或不含果汁的碳酸饮料，如橘子味汽水、柠檬味汽水等。其中 CO_2 含量（20℃同体积饮料中溶解的 CO_2 的体积倍数）≥1.5，果汁含量（质量分数）<2.5。

1. 实验设备和材料

主要设备：溶糖缸、硅藻土过滤机、调配缸、饮料泵、二氧化碳混合机、封罐机、灌装机、温瓶机、装箱机、封箱机、码垛机等。

主要材料：白砂糖、自来水、柠檬酸、橙味香精、苯甲酸钠、磷酸、果葡糖浆、二氧化碳、橙味香精、PET 瓶、HDPE 盖、PVC 标签等。

2. 工艺流程

果味型碳酸饮料的加工工艺同可乐型碳酸饮料整体相同，也有一次灌装法和二次灌装法，其中不同的部分是调配步骤增加了浓缩果汁。

1. 溶糖：加水前确认溶糖缸底阀、取样口等阀门是否处于关闭状态；溶糖加热工艺水温温度≥85℃。加水至2 300L，查看温度表数值是否达到85℃以上，记录加水完成时间。取白砂糖袋至溶糖缸进料口，解开糖袋封口绳，往漏斗内倒糖。倒糖过程中注意观察白砂糖外观应正常、无严重受潮结块、无变质发霉、无异物存在。

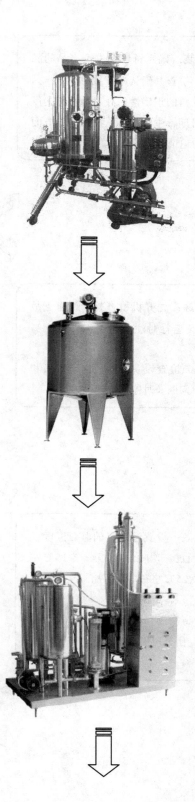

2．过滤：将澄清良好的溶液，加入预定量的硅藻土，搅拌均匀，循环不断加入到过滤机内，约15～20min，至过滤的预涂液澄清时，结束预涂。关闭预涂液出口阀，打开排气阀，泵入添加硅藻土的待滤液，当空气排尽时，关闭排气阀。打开过滤机的排料阀，观察桶内滤液情况，当液体达到要求时，关闭此阀。停止过滤时，将出口阀关闭，打开排气阀，过滤机的液体便由泵流回容器内。一般操作压力为0.6MPa左右，如果压力超过1.2MPa且流量降低时，则应停止过滤，进行洗涤操作并及时更换助滤剂和滤布。

3．调配：使用热水前需检查配料缸是否在用水，热水温度是否达到85℃，
领取调配中使用的香精，对小料的品质进行确认，品质正常方可使用。

4．混合：检查供料管道、二氧化碳混合机是否清洗合格；检查供料管道的转换板管道接合是否正确。调配好的料液从供料管道打入混合机前，要测来料的糖度，当测量结果与调配工序的完成糖浆糖度相同时即可供料给混合机；如与完成糖浆不符合，排放掉料液，继续测量，直到与完成糖浆相同。

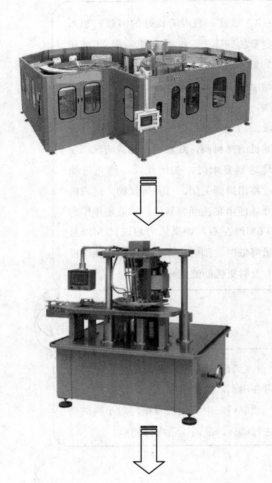

5．灌装：确定每班次生产产品的品种、批号；检查并确认本班次生产的产品所用的原辅料的正确性，并对原辅料的厂家、生产日期、生产批号、保质期等方面做好详细的记录，以备追溯。

6．封罐：先开机检查封罐机有无故障和异响，运行时注意有无卡罐和罐身划痕。

每30min检查设备一次，出现卡罐和密封不良等问题及时停机处理。

7．温瓶：设置温瓶机的温瓶温度。温瓶机是经过三次喷淋，第一次18℃左右，第二次25℃左右，最后加一次常温水喷淋。

每30min检查一次温度参数，并登记实际温度，如果超出设置温度范围则停机检查。

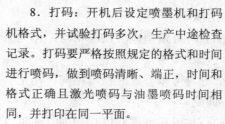

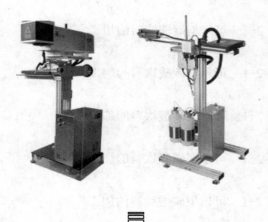

8. 打码：开机后设定喷墨机和打码机格式，并试验打码多次，生产中途检查记录。打码要严格按照规定的格式和时间进行喷码，做到喷码清晰、端正，时间和格式正确且激光喷码与油墨喷码时间相同，并打印在同一平面。

每半小时检查打印码质量并记录，当打码出现异常时，应立即停机调试。当两码数量不一致时应立即查找原因及漏码的产品。

9. 封箱：开启开箱机和封箱机（热熔胶/胶带），加入热熔胶/胶带。装入规定纸箱后，试成型和封胶，并检查效果，确定符合要求后才能运行。

使用热熔胶机时，应密切关注胶的温度及粘胶的牢固度，确保装入产品后不漏箱，每半小时检查和记录一次。

10. 装箱：检查纸箱的外观质量和产品重量情况，如有异常立即通知装箱岗位调整，并对封箱不牢的重新封箱。

出现倒瓶或者缺瓶情况时立即剔出问题纸箱，通知下游岗位及时处理问题。

二、生产工艺及设备

1. 溶糖

此部分与可乐型碳酸饮料相同，详见"任务 2-1　可乐型碳酸饮料的加工"。

2. 过滤

此部分与可乐型碳酸饮料相同，详见"任务 2-1　可乐型碳酸饮料的加工"。

3. 调配

此部分与可乐型碳酸饮料相同，详见"任务 2-1　可乐型碳酸饮料的加工"。

4. 碳酸化

此部分与可乐型碳酸饮料相同，详见"任务 2-1　可乐型碳酸饮料的加工"。

5. 混合

此部分与可乐型碳酸饮料相同，详见"任务 2-1　可乐型碳酸饮料的加工"。

6. 灌装

此部分与可乐型碳酸饮料相同，详见"任务 2-1　可乐型碳酸饮料的加工"。

7. 封罐机

封罐机是易拉罐生产过程中的重要机械设备之一。易拉罐的密封是通过封罐机来完成的。封罐机灌装和封口一体化，由封口机带动灌装机同步传动，确保灌装液位的稳定，缩短灌装和封口之间的距离，从而降低罐内的含氧量。凡与物料接触的部分均采用不锈钢结构。通过简单变更可适用于各种不同罐型。采用特殊结构调整封盖辊上下、前后间隙，可以可靠地保证封盖质量。

8. 温瓶

灌装后的产品进入温瓶区，利用喷淋的温水进行暖瓶使产品的温度提高到 20～25℃，并通过热风吹干。温瓶机（如图 2-5 所示）经过三次喷淋，第一次 18℃ 左右，第二次 25℃ 左右，最后加一次常温水喷淋。此工序是为了使低温下的二氧化碳，由液态气化为气态，保持产品的正常状态。

图 2-5　温瓶机

 任务实施

一、领取学习任务

生产任务单						
产品名称	产品规格	生产车间	单　位	数　量	开工时间	完工时间
橙汁汽水	450mL	碳酸饮料生产车间	箱	100		

二、填写任务分工表

序　号	操 作 内 容		主要操作者	协 助 者
		任务分工表		
1		工具领用		
2		材料领用		
3		检查及清洗设备、工具		
4		原材料准备		
5		设备准备		
6		水处理		
7	橙汁汽水的生产	溶糖		
8		过滤		
9		调配		
10		混合		
11		灌装		
12		封灌		
13		温瓶		
14		包装		
15		生产场地、工具的清洁		
16				
17	产品检验			
18				
19				

三、填写任务准备单

序　号	设 备 名 称	规　格	使 用 数 量
		车间设备单	
1	溶糖缸	台	
2	调配缸	台	
3	饮料泵	台	
4	二氧化碳混合机	台	
5	硅藻土过滤机	台	
6	灌装机	台	
7	封罐机	台	
8	温瓶机	台	
9	封箱机	台	
10	装箱机	台	
11	码垛机	台	

原辅料领料单							
领料部门			发料仓库				
生产任务单号			领料人签名				
领料日期			发料人签名				
序　号	物料名称	品牌规格	单价/元	发料数量	小计/元		合计/元
1	白砂糖						
2	色素						
3	橙味香精						
4	PET 瓶						
5	HDPE 瓶盖						
6	PVC 标签						

四、产品检验标准

根据 GB 2759.2—2003《碳酸饮料卫生标准》，所有出厂的碳酸饮料的质量要达到以下几项指标。

1．感官指标

产品应具有主要成分的纯净色泽、滋味，不得有异味、异臭和外来杂物。

2．理化指标

项　　目		指　　标
铅（Pb）/（mg/L）	≤	0.3
总砷（以 As 计）/（mg/L）	≤	0.2
铜（Cu）/（mg/L）	≤	5

3．微生物指标

项　　目		指　　标
大肠菌群/（MPN/100mL）	≤	6
菌落总数/（CFU/mL）	≤	100
霉菌/（CFU/mL）	≤	10
酵母/（CFU/mL）	≤	10
致病菌（沙门氏菌、志贺氏菌、金黄色葡萄球菌）		不得检出

五、产品质量检验

1．产品质量检验流程

产品抽样 → 样品处理 → 产品指标检测 → 结果汇总 → 出具检验报告单

2. 检验报告

产品检验报告单

报告单号：

产品名称		产品生产单位	
型号规格		生产日期	
委托检验部门		收样时间	
委托人		收样地点	
委托人联系方式		样品数量	
收样人		封样数量	
样品状态		封样贮存地点	
封样人员		检测日期	
检验依据			
检验项目	感官指标、铅、总砷、铜、大肠菌群、菌落总数、霉菌、酵母菌、致病菌		
检验各项目	合 格 指 标	实 测 数 据	是 否 合 格
检验结论			

编制：　　　　　　审核：

任务评价

实训程序	工作内容	技 能 标 准	相 关 知 识	单项分值	满 分 值
准备工作	清洁卫生	能发现并解决卫生问题	操作场所卫生要求	5	10
	准备并检查设备和工具	1. 准备本次实训所需所有仪器和容器 2. 仪器和容器的清洗和控干 3. 检查设备运行是否正常	1. 清洗方法 2. 不同设备的点检	5	
备料	白砂糖的选择	按照产品等级选择	白砂糖的质量标准	5	10
	食品添加剂	按照产品特点选择添加剂	按照企业标准控制主剂的选择	5	
溶糖	原糖浆的制备	能按照配方，掌握糖水比	溶糖搅拌的注意事项	5	5
过滤	糖浆过滤	能操作硅藻土过滤机	硅藻土过滤机的操作要点，学会预涂等关键操作	5	5
调配	调配	按照投料顺序和添加量要求将添加剂加入至配料桶中	添加剂的添加顺序对产品品质的影响	5	5
混合	混合	掌握碳酸水的制备方法	碳酸化设备的使用方法及注意事项	10	10
灌装	灌装	能使用灌装机	使用灌装机的注意事项，会处理灌装出现的常见问题	15	15
封罐	封罐	能使用封罐机	使用封罐机的注意事项，会处理封罐出现的常见问题	5	5
温瓶	温瓶	能使用温瓶机	会调节温瓶温度，会处理温瓶出现的常见问题	5	5
实训报告	实训内容	实训完毕能够写出实训具体的工艺操作流程		10	30
	注意事项	能够对操作中主要问题进行分析比较		10	
	结果讨论	能够对实训产品做客观的分析、评价、探讨		10	

考 核 内 容	满 分 值	水平/分值		
		及　　格	中　　等	优　　秀
清洁卫生				
准备并检查设备和工具				
备料				
溶糖				
过滤				
调配				
混合				
灌装				
封罐				
温瓶				
实训内容				
注意事项				
结果讨论				

任务 3 >>>

茶饮料的加工

随着消费观念和生活方式的转变，茶饮料成为我国消费者最喜欢的饮料品类之一。统计数据显示，2014 年我国茶饮料产量已超过 16 676 万吨，茶饮消费市场已占到整个饮料消费市场 20%左右的份额。我国约有茶饮料生产企业 40 家，上市品牌达 100 多个，有近 50 个产品种类。市场上常见的茶饮料品牌有康师傅、统一、娃哈哈、和其正等。

>>> 任务 3-1 纯茶饮料的加工

茶饮料是指以茶叶的萃取液、茶粉、浓缩液为主要原料加工而成的饮料，具有茶叶的独特风味，含有天然茶多酚、咖啡碱等茶叶有效成分，兼有营养、保健功效，是清凉解渴的多功能饮料。

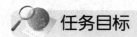 **任务目标**

（1）知道茶饮料的分类，熟悉有关茶饮料的标准和卫生标准。
（2）知道纯茶饮料制作的工艺流程和关键控制环节。
（3）会操作所需用到的加工设备。
（4）能处理纯茶饮料的褐变、稳定性等常见问题。

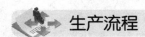 **生产流程**

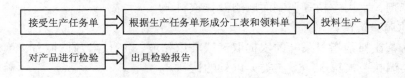

接受生产任务单 ➡ 根据生产任务单形成分工表和领料单 ➡ 投料生产 ➡

对产品进行检验 ➡ 出具检验报告

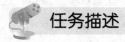 **任务描述**

根据生产任务计划单，组长制订纯茶饮料生产及检验的详细工作安排（包括人员分工、设备点检、原辅材料的领用、仓库分配），严格按生产工艺规范进行生产，生产过程中严格

控制关键控制点，并做好生产过程的记录，及时判断问题排除故障，最后对产品进行检验，出具检验报告。

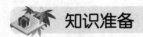 知识准备

一、纯茶饮料的生产

茶饮料必须具备茶的品质特征，即有茶的色、香、味，具有儿茶素、咖啡碱（若无咖啡碱则必须注明为去咖啡碱茶）、茶氨酸等主要化学成分。其主要成分儿茶素具有抗氧化、抗癌防癌、防高血压和抗辐射作用；茶氨酸是茶叶特有的氨基酸，它具有增强记忆、防治老年痴呆的作用；咖啡碱可以增强循环，有利尿作用；茶的某些成分还具有很好的消毒和灭菌作用。

茶饮料按原辅料可以分为茶汤饮料和调味茶饮料；按原料（茶叶）的类型可以分为红茶饮料、乌龙茶饮料、绿茶饮料、花茶饮料。

根据 GB 10789—2007《饮料通则》和 GB/T 21733—2008《茶饮料》，茶饮料可分为：

（1）茶汤饮料

茶汤饮料是指以茶叶的水提取液或其浓缩液、茶粉等为原料，经加工制成的，并保持原茶汁应有风味的液体饮料，可添加少量的食糖和（或）甜味剂。

（2）茶浓缩液

茶浓缩液是指采用物理方法从茶叶的水提取液中除去一定比例的水分经加工制成，加水复原后具有原茶汁应有风味的液态制品。

（3）果汁茶饮料和果味茶饮料

果汁茶饮料和果味茶饮料是指以茶叶的水提取液或其浓缩液、茶粉等为原料，加入果汁、食糖和（或）甜味剂、食用果味香精等的一种或几种调制而成的液体饮料。

（4）奶茶饮料和奶味茶饮料

奶茶饮料和奶味茶饮料是指以茶叶的水提取液或其浓缩液、茶粉等为原料，加入乳或乳制品、食糖和（或）甜味剂、食用奶味香精等的一种或几种调制而成的液体饮料。

（5）碳酸茶饮料

碳酸茶饮料是指以茶叶的水提取液或其浓缩液、茶粉等为原料，加入二氧化碳气、食糖和（或）甜味剂、食用香精等调制而成的液体饮料。

（6）其他调味茶饮料

其他调味茶饮料是指以茶叶的水提取液或其浓缩液、茶粉等为原料，加入食品配料调味，且在上述 3 类调味茶（第 3、4、5 类）以外的饮料。

果汁茶饮料和果味茶饮料、奶茶饮料和奶味茶饮料、碳酸茶饮料、其他调味茶饮料属于调味茶饮料。

（7）复（混）合茶饮料

复（混）合茶饮料是指以茶叶和植（谷）物的水提取液或其浓缩液、干燥粉为原料加工制成的，具有茶与植（谷）物混合风味的液体饮料。

1. 实验设备和材料

（1）主要设备：夹层锅，配料缸，饮料泵，单级浸提罐，板式热交换器，无菌缸，硅藻土过滤机，板框式过滤机，易拉罐洗罐机，易拉罐灌装、封罐一体机，回转式高压杀菌釜，全自动直进料袖口式包装机，喷码机，茶叶筛选机等。

（2）主要材料：茶叶、L-抗坏血酸、食用香精、易拉罐（三片罐）及盖。

2. 工艺流程

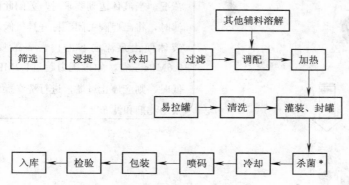

```
                                      其他辅料溶解
                                           ↓
筛选 → 浸提 → 冷却 → 过滤 → 调配 → 加热

                易拉罐 → 清洗 → 灌装、封罐
                                     ↓
入库 ← 检验 ← 包装 ← 喷码 ← 冷却 ← 杀菌*
```

标注*的为关键控制点。

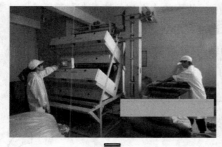

1. 筛选：操作人员领取本班所需要的原料，检查原料的批次是否正确并记录原料信息。检查茶叶筛选机是否正常运行，记录运行参数。每30min检查原料1次，观察原料品质并做好记录。

2. 浸提：浸提设备使用前要检查设备是否进入预定状态，有无不良反应，并记录设备参数。将已按配方称量好的茶叶在浸提罐进行浸提。浸提时应控制好温度和时间。

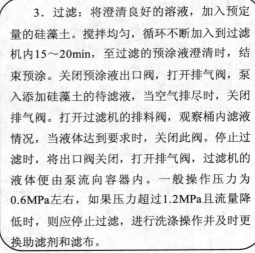

3．过滤：将澄清良好的溶液，加入预定量的硅藻土。搅拌均匀，循环不断加入到过滤机内15～20min，至过滤的预涂液澄清时，结束预涂。关闭预涂液出口阀，打开排气阀，泵入添加硅藻土的待滤液，当空气排尽时，关闭排气阀。打开过滤机的排料阀，观察桶内滤液情况，当液体达到要求时，关闭此阀。停止过滤时，将出口阀关闭，打开排气阀，过滤机的液体便由泵流向容器内。一般操作压力为0.6MPa左右，如果压力超过1.2MPa且流量降低时，则应停止过滤，进行洗涤操作并及时更换助滤剂和滤布。

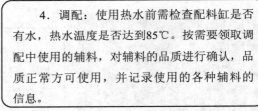

4．调配：使用热水前需检查配料缸是否有水，热水温度是否达到85℃。按需要领取调配中使用的辅料，对辅料的品质进行确认，品质正常方可使用，并记录使用的各种辅料的信息。

5．杀菌：UHT杀菌时让物料的温度升高至135℃或以上，时间约4～6s。杀菌后能够达到商业无菌。杀菌后的物料贮藏在无菌罐中。

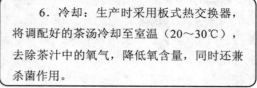

6. 冷却：生产时采用板式热交换器，将调配好的茶汤冷却至室温（20～30℃），去除茶汁中的氧气，降低氧含量，同时还兼杀菌作用。

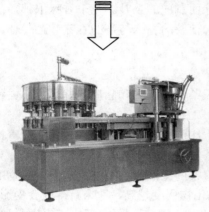

7. 灌装：灌装工人打开灌装机检查其是否正常运行，及时处理灌装和封口不良情况。如现场不能处理的，及时上报组长。由组长确定是否需要停机检修。

整个生产过程除确保机器的正常运转，还应保证灌装后罐内饮料的温度在 85℃以上。

二、生产工艺及设备

1. 原料

（1）绿茶

绿茶是未发酵茶，是以适宜茶树新梢为原料，经杀青、揉捻、干燥等典型工艺过程制成的茶叶。绿茶较多地保留了鲜叶内的天然物质。其中茶多酚、咖啡碱保留鲜叶的 85% 以上，叶绿素保留 50% 左右，维生素损失也较少，从而形成了绿茶"清汤绿叶，滋味收敛性强"的特点。

绿茶按干燥和杀青方法不同可分为炒青、烘青、晒青、蒸青绿茶。

绿茶常见的品种有西湖龙井、碧螺春、竹叶青、黄山毛峰、六安瓜片、信阳毛尖等。

（2）红茶

红茶是全发酵茶，是以适宜的茶树新芽叶为原料，经萎凋、揉捻（切）、发酵、干燥等典型工艺过程精制而成。因其干茶色泽和冲泡的茶汤以红色为主调，故名红茶。红茶的鼻祖在中国，世界上最早的红茶由中国福建武夷山茶区的茶农发明，名为"正山小种"。红茶在加工过程中发生了以茶多酚酶促氧化为中心的化学反应，鲜叶中的化学成分变化较大，茶多酚减少 90% 以上，产生了茶黄素、茶红素等新成分，香气物质比鲜叶明显增加。所以红茶具有茶红、汤红、叶红和香甜味醇的特征。

中国红茶品种主要有祁红、霍红、滇红、越红、苏红、川红、英红等。

（3）乌龙茶

乌龙茶又称青茶，属于半发酵茶，介于绿茶和红茶之间，是由成熟的鲜茶叶经萎凋、发酵、炒青、揉捻、干燥而成。绿茶和乌龙茶是由同一种茶树所生产出来的，最大的差别在于有没有经过发酵这个过程。因为茶叶中的儿茶素会随着发酵温度的升高而相互结合，致使茶的颜色变深，因此茶的涩味也会减少。这种儿茶素相互结合所形成的成分就是乌龙茶的多酚类，多酚类和具有抗氧化作用的儿茶素，都能够影响各种酶在人体内的活性。

乌龙茶的主要品种：闽北乌龙有武夷岩茶、水仙、大红袍、肉桂等；闽南乌龙有铁观音、奇兰、水仙、黄金桂等；广东乌龙有凤凰单枞、凤凰水仙、岭头单枞等；台湾乌龙有冻顶乌龙、包种乌龙等。

（4）花茶

花茶又名香片，花茶是指以干燥的素茶作茶坯，利用茶善于吸收异味的特点，将有香味的鲜花和新茶一起焖，在茶将香味吸收后再把干花筛除而制成的茶叶。花茶香味浓郁，茶汤色深。花茶类茶叶既有茶叶的风味，又有鲜花的芳香，使茶的香味与茶的香味共融一体。花茶主要品种有茉莉花茶、玫瑰花茶、百合花茶等。

2. 浸提

浸提是指将茶叶中的可溶物转移到茶汤中的过程，茶饮料风味和品质的好坏，很大程度上取决于茶汁浸提工艺。

茶叶原料的颗粒大小、浸提温度、浸提时间、茶水比例以及浸提方式（设备）均直接影响茶中可溶性物质的浸提率及茶汤的品质，从而影响茶饮料的香味和有效成分的浓度。一般来说，茶叶颗粒越小、浸提温度越高、浸提时间越长、茶的比例越高，茶可溶性固形物的浸提率越高，茶汤浓度也越高，但苦涩味越重，茶内含氧化物程度越高，香味新鲜度会受影响，同时成本也越高。一般按茶水比为 1∶（8～20）的比例生产浓缩茶，再在后序工序进行稀释。

若采用高温、长时间浸提，可溶性物质的浸提率高，但温度太高，茶黄素和茶红素会被分解，同时类胡萝卜素和叶绿素等色素结构也发生变化，对茶浸提液色泽有不利影响。过高温度浸提还易造成香气成分逸散。而长时间浸提又易造成茶汤成分氧化。通常浸提的温度在 70～100℃，时间控制在20min 以内，因为浸提时间超过 20min 以后，浸提率基本不再增加。茶多酚和咖啡碱在 80℃时即可达到最高的浸提率，如果温度太低，则呈色物质不能被完全浸提出来。

浸提时，一般采用单级浸提罐（如图 3-1 所示）和大型茶袋上下浸渍的浸提装置。浸提温度、时间、浸提率等条件差异会影响茶的香味和有效成分的浓度，应依据不同茶叶品种以及产品类别来确定浸提的时间和温度。

图 3-1　单级浸提罐

3. 冷却

冷却的目的是使茶浸提液快速降至室温，以防止长时间静置引起茶汁氧化褐变。冷却的方式通常是采用板式热交换器，以自来水或冷冻水作介质，迅速将茶浸提液冷却至室温（20～30℃）。

根据换热器的形式，应在换热器的两端留有足够的空间来满足清洗、维修的需要。固定管板式换热器在安装时，两端应留出足够的空间以便能抽出和更换管子。用机械法清洗管内时，两端都可以对管子进行刷洗操作。浮头式换热器的固定头盖端应留有足够的空间以便能从壳体内抽出管束，外头盖端必须也留出一米以上的空间以便装拆外头盖和浮头盖。U 形管式换热器的固定头盖应留出足够的空间以便抽出管束，也可在其相对的一端留出足够的空间以便能拆卸壳体。采用化学清洗时，要根据实际情况和水质不同对所结垢的垢质进行分析化验，分别配制药剂清洗。

由于清洗的困难程度是随着垢层厚度或沉积的增加而迅速增大的，所以清洗间隔时间不宜过长，应根据生产装置的特点、换热介质的性质、腐蚀速度及运行周期等情况定期进行检查、修理及清洗。

4.过滤

茶饮料由于存在一定的固体颗粒和水质原因会出现沉淀、浑浊现象，因此需要进行过滤。为了节约过滤成本和取得较好的过滤效果，通常采用多级过滤的方式逐步去除茶汁中的固定物质。为了取得较好的过滤效果，一般将茶浸提液先粗滤，再进行精滤。

（1）粗滤：茶浸提液在提取罐抽出时，提取罐出料口通常已安装 40 目的金属筛网，先进行第一道粗滤除茶渣。在进行精滤前，为了提高精滤的效率，应先采用 300 目的不锈钢筛网或铜丝网预滤。

（2）精滤：经过粗滤的茶浸提液，再采用板框式过滤机或硅藻土过滤机精滤。精滤后的茶汁要求澄清透明，无混浊或沉淀。精滤也可采用 10～70μm 孔径的精密过滤器，可获得澄清透明的茶汁。板框式过滤机和硅藻土过滤机如图 3-2 所示。

图 3-2 板框式过滤机（上）和硅藻土过滤机（下）

5.调配

调配主要是将过滤后的茶汁调至合适的浓度和 pH 值，并加糖和香精等。在实际生产中，浸提后的茶汁为浓缩汁，需要对浓度进行调整。茶饮料的风味调配是成品加工的关键步骤，其调配一般是由茶多酚的量来计算需加水的量，配制成小样，再测量 pH 值，然后评价其感官和品质。评价茶饮料质量的好坏主要看茶饮料的香气、滋味和色泽，在加工过程中可根据不同需要添加风味物质，如添加苹果汁调配成苹果茶饮料等果味茶。

在实际生产中，根据配方要求向过滤后的茶浸提液加入水以调整茶汤的浓度。同时，加入已用少量水溶解的 L-抗坏血酸用于保证茶汤的品质。

6.加热

加热作业的目的是将茶汁加热至 80～95℃，以便去除茶汁中的氧气，同时还兼杀菌作用。易拉罐包装后会进行高温杀菌，因此，茶汁加热至 90℃左右即可，主要目的是去除茶汁中的氧气，降低氧含量。PET 瓶包装后不能再次杀菌，因此，加热目的主要是杀菌，使茶汁中的细菌被杀死。所以加热茶汁需达到杀菌的温度。通常采用高温瞬时灭菌机或超高温瞬时灭菌机，将茶汁加热到 135℃，经 3～6s 的灭菌，出料液温度冷却至 85～87℃后趁热装入耐热性 PET 瓶中，若采用非耐热 PET 瓶，则需将茶汁降至 40℃左右再灌装。超高温瞬时杀菌的原理是以杀菌温度上升 10℃、杀菌效果上升 10 倍为依据。例如，80℃时杀菌需要 30min，90℃时杀菌只需要 3min，而杀菌效果相同。

实际生产中采用加热用板式热交换器，将调配好的茶汤加热至 90℃，去除茶汁中的氧气，降低氧含量，同时还兼杀菌作用。

7.易拉罐清洗

易拉罐清洗的目的是利用自来水洗去罐内的粉尘杂质。由于罐装后还会进行杀菌，所以此工序无需对罐内进行杀菌。易拉罐清洗要用易拉罐洗罐机，如图 3-3 所示。

图 3-3 易拉罐洗罐机

8. 灌装、封罐

灌装采用热灌装，灌装的温度要达到90℃，灌装完成马上进行封罐。

灌装、封罐采用易拉罐灌装、封罐一体机，如图3-4所示。它集灌装和封口于一体，保证生产时的协调同步。

9. 杀菌

易拉罐灌装和封罐后的纯茶饮料，要进行高温杀菌，采用125℃、保温15min的杀菌强度进行高温杀菌。高温杀菌釜一般升温时间约需10min，降温也需10min。

图3-4   易拉罐灌装、封罐一体机

此步骤为关键控制点，要进行严格的监控并且记录，监管频率为5min。记录表见表3-1"高温杀菌记录表"。

表3-1   高温杀菌记录表

日 期	时 间	产 品 名 称	杀菌温度/℃	杀菌压力/MPa	记录人签名

10. 冷却

出锅后，可采用喷淋冷却水的方式冷却至20~30℃。

11. 喷码

在产品的瓶盖或瓶身喷上生产日期和/或批号。要求喷码清晰、字体工整一致。

12. 包装

经过喷码后的茶汤饮料要进行包装。包装采用全自动直进料袖口式包装机，如图3-5所示，它实现自动进料、裹膜、封切、收缩、冷却、定型功能，包装后产品美观大方。

图3-5   全自动直进料袖口式包装机

13. 检验

检验是对生产完成的成品进行抽检，按照产品的卫生标准完成出厂前的各项指标检验，检验合格的办理成品入库手续，准予出厂。

14. 入库

对检验合格的产品，办理入库手续，并按照成品的贮存要求进行贮存，以确保产品的质量。

 任务实施

一、领取学习任务

生产任务单						
产品名称	产品规格	生产车间	单 位	数 量	开工时间	完工时间
纯茶饮料	500mL	纯茶生产车间	箱	100		

二、填写任务分工表

任务分工表				
序 号		操作内容	主要操作者	协助者
1	纯茶的生产	工具领用		
2		材料领用		
3		检查及清洗设备、工具		
4		原材料准备		
5		设备准备		
6		筛选		
7		浸提		
8		过滤		
9		调配		
10		灭菌		
11		冷却		
12		灌装		
13		生产场地、工具的清洁		
14	产品检验			
15				
16				
17				

三、填写任务准备单

车间设备单			
序 号	设备名称	规 格	使用数量
1	夹层锅	台	
2	配料缸	台	
3	单级浸提罐	台	
4	饮料泵	台	
5	板式热交换器	台	
6	无菌缸	台	
7	硅藻土过滤机	台	
8	板框式过滤机	台	
9	易拉罐洗罐机	台	
10	易拉罐灌装、封罐一体机	台	
11	回转式高压杀菌釜	台	
12	全自动直进料袖口式包装机	台	
13	喷码机	台	
14	茶叶筛选机	台	

原辅料领料单						
领料部门			发料仓库			
生产任务单号			领料人签名			
领料日期			发料人签名			
序　号	物料名称	品牌规格	单价/元	发料数量	小计/元	合计/元
1	茶叶					
2	L-抗坏血酸					
3	食用香精					
4	易拉罐（三片罐）及盖					
5						
6						
7						
8						

四、产品检验标准

根据 GB/T 21733—2008《茶饮料标准》，所有出厂的茶饮料的质量要达到以下几项指标：

1. 感官指标

具有该产品应有的色泽、香气和滋味，允许有茶成分导致的混浊或沉淀，无正常视力可见的外来杂质。

2. 理化指标

项　　目		茶饮料	调味茶饮料						复（混）合茶饮料
			果汁	果味	奶	奶味	碳酸	其他	
茶多酚/（mg/kg）≥	红茶	300	200		200		100	150	150
	绿茶	500							
	乌龙茶	400							
	花茶	300							
	其他茶	300							
咖啡碱/（mg/kg）≥	红茶	40	35		35		20	25	25
	绿茶	60							
	乌龙茶	50							
	花茶	40							
	其他茶	40							
果汁含量（质量分数）（%）		—	≥5.0	—					—
蛋白质含量（质量分数）（%）					≥0.5	—			—
二氧化碳气体含量（20℃容积倍数）							≥1.5		—

注：如果产品声称低咖啡因，咖啡因的含量不应大于上表中规定的同类产品咖啡因最低含量的 50%。

总砷（以 As 计）/（mg/L）	≤0.2
铅（Pb）/（mg/L）	≤0.3
铜（Cu）/（mg/L）	≤5.0

3．微生物指标

项　　目		指　　标
菌落总数/（CFU/mL）	≤	100
大肠菌群/（MPN/100mL）	≤	6
霉菌/（CFU/mL）	≤	10
酵母/（CFU/mL）	≤	10
致病菌（沙门氏菌、志贺氏菌、金黄色葡萄球菌）		不得检出

五、产品质量检验

1．产品质量检验流程

产品抽样 → 样品处理 → 产品指标检测 → 结果汇总 → 出具检验报告单

2．检验报告

产品检验报告单			
			报告单号：
产品名称		产品生产单位	
型号规格		生产日期	
委托检验部门		收样时间	
委托人		收样地点	
委托人联系方式		样品数量	
收样人		封样数量	
样品状态		封样贮存地点	
封样人员		检测日期	
检验依据			
检验项目	感官指标、茶多酚、咖啡碱、蛋白质含量、二氧化碳气体含量、总砷、铅、铜、菌落总数、大肠菌群、霉菌、酵母、致病菌		
检验各项目	合格指标	实测数据	是否合格
检验结论			

 **任务评价**

实训程序	工作内容	技 能 标 准	相 关 知 识	单 项 分 值	满 分 值
准备工作	清洁卫生	能发现并解决卫生问题	操作场所卫生要求	5	10
	准备并检查设备和工具	1. 准备本次实训所需所有仪器和容器 2. 仪器和容器的清洗和控干 3. 检查设备运行是否正常	1. 清洗方法 2. 不同设备的点检	5	
筛选	筛选各种原辅料	按照各种原料的标准筛选	各种原料的质量标准	5	5
浸提	茶叶浸提	能熟练使用茶叶浸提设备	茶叶浸提的要求	10	30
过滤	过滤	会熟练使用硅藻土过滤机	硅藻土过滤机操作规程	10	
调配	调配	会熟练进行浓度、酸度的调整和添加香精	食品添加剂的使用	10	
灌装	灌装、封罐	能使用灌装、封罐一体机	使用灌装、封罐一体机的注意事项	10	10
杀菌	高温杀菌	明白高压杀菌釜的操作以及条件	高压杀菌操作规程	10	10
冷却	将料液冷却至10℃	明白板式热交换器的操作以及条件	板式热交换器操作规程	5	5
检验	检验	对成品按照标准进行感官、理化和微生物检验，并出具检验报告单	产品的卫生标准	10	10
实训报告	实训内容	实训完毕能够写出实训具体的工艺操作流程		5	20
	注意事项	能够对操作中的主要问题进行分析比较		5	
	结果讨论	能够对实训产品做客观的分析、评价、探讨		10	

考 核 内 容	满 分 值	水平/分值		
		及 格	中 等	优 秀
清洁卫生				
准备并检查设备和工具				
筛选				
浸提				
过滤				
调配				
灌装				
杀菌				
冷却				
检验				
实训内容				
注意事项				
结果讨论				

>>> 任务 3-2　调味茶饮料的加工

茶饮料是世界上三大传统饮料之一。由于茶饮料具有天然、健康、解渴等特点，符合现代人健康消费的潮流生活方式，加上其清香淡雅，回味无穷，富含茶多酚、儿茶素、茶黄素、茶红素、茶绿素、茶色素、茶多糖、茶氨酸等多种有益于人体健康的成分，使茶饮料有着巨大的发展空间。市场上主要有康师傅、统一、娃哈哈等品牌的红茶、乌龙茶、绿茶、花茶等系列茶饮料产品，各地方还有各自的区域性品牌茶饮料。

 ## 任务目标

（1）知道调味茶饮料的工艺流程和关键控制环节。
（2）会操作所使用到的加工设备。
（3）能处理茶汤饮料的褐变、稳定性等常见问题。

 ## 生产流程

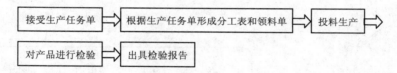

接受生产任务单 → 根据生产任务单形成分工表和领料单 → 投料生产 →
对产品进行检验 → 出具检验报告

 ## 任务描述

根据生产任务计划单，组长制订调味茶饮料生产及检验的详细工作安排（包括人员分工、设备点检、原辅材料的领用、仓库分配），严格按生产工艺规范进行生产，生产过程中严格控制关键控制点，并做好生产过程的记录，及时判断问题排除故障，最后对产品进行检验，出具检验报告。

 ## 知识准备

一、调味茶饮料的生产

1. 实验设备和材料

（1）主要设备：夹层锅、配料缸、饮料泵、单级浸提罐、板式热交换器、无菌缸、管道过滤器、硅藻土过滤机、UHT 杀菌机、"三合一"全自动热灌装机、喷码机、全自动直进料袖口式包装机、冷却隧道、倒瓶机、套标机等。

（2）主要材料：水、茶叶、柠檬酸、食用果味香精、高温 PET 饮料瓶、HDPE 盖、L-抗坏血酸。

2. 工艺流程

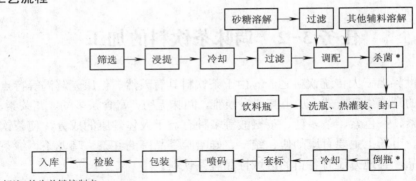

标注*的为关键控制点。

> 1. 筛选：操作人员领取所需要的原料，检查原料的批次是否正确并记录原料信息。检查茶叶筛选机是否正常运行，记录运行参数。每30min检查原料一次，观察原料品质并做好记录。

> 2. 浸提：浸提设备使用前要检查是否进入预定状态，有无不良反应，记录设备参数。将已按配方称量好的茶叶在浸提罐中进行浸提。浸提时应控制好温度和时间。

> 3. 冷却：冷却通常采用板式热交换器，以自来水作介质，迅速将茶浸提液冷却至室温（20～30℃）即可。
>
> 每班操作人员开机前检查设备是否完好，检查进出水口阀门是否打开，设备运行过程中每小时记录温度数值一次。

4．过滤：将茶浸提液先粗滤，再进行精滤。粗滤先用普通的不锈钢筛（40目），然后再通过硅藻土过滤机进行过滤，得到澄清的茶液。

5．调配：使用热水前需检查配料缸是否有水，热水温度是否达到85℃。按需要领取调配中使用的辅料，对辅料的品质进行确认，品质正常方可使用，并记录使用的各种辅料的信息。

6．杀菌：UHT杀菌时让物料的温度升高至135℃或以上，时间约4～6s。杀菌后能够达到商业无菌。杀菌后的物料贮藏在无菌罐中。

二、生产工艺及设备

1．浸提

浸提是将茶叶中的可溶物转移到茶汤中的过程，茶饮料风味和品质的好坏，很大程度上取决于茶汁浸提工艺。

浸提时，按茶水比为 1:（8～20）的比例生产浓缩茶，在后面工序进行稀释。浸提的温度为 70～100℃，时间控制在 20min 以内，在单级浸提罐中进行浸提。

2．冷却

采用板式热交换器将茶浸出液快速降至室温（20～30℃），以防止长时间静置引起茶汁氧化褐变。

3．过滤

将茶浸提液先粗滤，再进行精滤。粗滤先用普通的不锈钢筛（40 目），然后再通过硅藻土过滤机进行过滤，得到澄清的茶液。

4．溶糖

白砂糖在夹层锅中用水溶解后，通过硅藻土过滤机过滤，去除糖液中的杂质，得到澄清透明的糖液。

5．其他配料的溶解

将其他配料（如柠檬酸等）进行溶解。

6．调配

将过滤澄清的茶液、糖液以及其他配料在配料缸中按要求进行混合均匀，然后按配方进行定容。

调配后，如果生产奶味茶饮料和奶茶饮料还需要进行高压均质。

7．UHT 杀菌

UHT 是 Ultra Height Temperature 的缩写，中文译为超高温。UHT 杀菌是让物料通过管式 UHT 杀菌机（如图 3-6 所示），从而达到杀菌的目的。

UHT 杀菌是让物料的温度升高至 135℃或以上，时间约 4～6s。杀菌后能够达到商业无菌。杀菌后的物料贮藏在无菌罐中。

此步骤为 CCP1（关键控制点 1，CCP 为 Critical Control Point 的缩写），必须进行严格的监控，按要求进行监控并且记录。记录表见表 3-2。

图 3-6　管式 UHT 杀菌机

表 3-2　CCP1：UHT 杀菌监控记录表

日　　期	时　　间	产 品 名 称	UHT 杀菌温度/℃	杀菌蒸汽压力/MPa	记录人签名

商业无菌是指罐头食品经过适度的杀菌后，不含有致病性微生物，也不含有在通常温度下能在其中繁殖的非致病性微生物。

8．灌装

采用无菌热灌装的方式进行灌装。无菌热灌装可以更加有效地保证灌装后的产品不受微生物的污染。物料的灌装温度要求保证在 85℃以上，无菌灌装间洁净度达到十万级。

灌装机采用"三合一"全自动热灌装机。"三合一"全自动热灌装机包含了洗瓶机（如图 3-7 所示）、灌装机（如图 3-8 所示）和封盖机（如图 3-9 所示）。其工作原理和操作与纯净水灌装机一致。

图 3-7　洗瓶机

图 3-8　灌装机

图 3-9　封盖机

9．倒瓶

灌装后，将饮料瓶垂直翻转 180°，利用灌装后的瓶内饮料的余温对瓶盖进行杀菌。

此步骤为 CCP2（关键控制点 2），是预防、消除或减少瓶盖可能产生生物性危害的关键步骤。此步骤必须进行严格的监控并记录。

10．冷却

灌装后的产品应尽快冷却。

在实际生产中，往往采用冷却隧道对产品进行冷却。产品从灌装间出来后，进入冷却隧道，冷却隧道内不断地向产品喷淋冷却水，让产品很快可以冷却下来。此方式能让产品以连续的方式进行生产，有利于产能的提升。

11．套标

冷却后的产品输送至自动套标机，将产品的标签套在产品上。套上标签的产品，马上进入蒸汽收缩炉，蒸汽收缩炉内喷出的蒸汽使标签紧紧地包裹在产品上，形成外观良好的产品。

自动套标机由标签套标和标签收缩两部分组成。

12．喷码

在产品的瓶盖或瓶身喷上生产日期和批号。要求喷码清晰、字体工整一致。喷码机如图 3-10 所示。

13．包装

对经过喷码后的茶汤饮料要进行包装。产量大时，产品往往采用全自动包装线。

全自动包装线包含灯检、产品整理线、自动装箱机、自动开箱机、自动封箱机和码垛机。全自动包装生产线全景如图 3-11 所示。

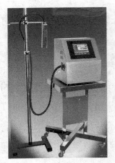
图 3-10　喷码机

图 3-11　全自动包装生产线全景图

14. 检验

检验是对生产完成的成品进行抽检，按照产品的卫生标准完成出厂前的各项指标检验，检验合格的办理成品入库手续，准予出厂。

15. 入库

对检验合格的产品，办理入库手续，并按照成品的贮存要求进行贮存，以确保产品的质量。

 **任务实施**

一、领取学习任务

生产任务单						
产品名称	产品规格	生产车间	单　位	数　量	开工时间	完工时间
调配茶饮料	500mL	调配茶饮料生产车间	箱	100		

二、填写任务分工表

任务分工表				
序　号		操作内容	主要操作者	协助者
1		工具领用		
2		材料领用		
3		检查及清洗设备、工具		
4		原材料准备		
5		设备准备		
6		筛选		
7	调配茶的生产	浸提		
8		冷却		
9		过滤		
10		调配		
11		杀菌		
12		灌装		
13		倒瓶		
14		包装		
15		生产场地、工具的清洁		
16	产品检验			
17				
18				
19				

三、填写任务准备单

车间设备单			
序　号	设 备 名 称	规　格	使 用 数 量
1	夹层锅	台	
2	配料缸	台	
3	单级浸提罐	台	
4	饮料泵	台	
5	板式热交换器	台	
6	无菌缸	台	
7	管道过滤器	台	
8	硅藻土过滤机	台	
9	UHT 杀菌机	台	
10	"三合一"全自动热灌装机	台	
11	喷码机	台	
12	全自动直进料袖口式包装机	台	
13	冷却隧道	台	
14	倒瓶机	台	
15	套标机	台	

原辅料领料单						
领料部门			发料仓库			
生产任务单号			领料人签名			
领料日期			发料人签名			
序　号	物 料 名 称	品牌规格	单价/元	发料数量	小计/元	合计/元
1	茶叶					
2	L-抗坏血酸					
3	食用果味香精					
4	高温 PET 饮料瓶					
5	柠檬酸					
6	HDPE 盖					

四、产品检验标准

根据 GB/T 21733—2008《茶饮料》，所有出厂的茶饮料的质量要达到以下几项指标：

1. 感官指标

具有该产品应有的色泽、香气和滋味，允许有茶成分导致的混浊或沉淀，无正常视力可见的外来杂质。

2．理化指标

项　目		茶饮料	调味茶饮料						复（混）合茶饮料
			果汁	果味	奶	奶味	碳酸	其他	
茶多酚/（mg/kg）≥	红茶	300	200		200		100	150	150
	绿茶	500							
	乌龙茶	400							
	花茶	300							
	其他茶	300							
咖啡因/（mg/kg）≥	红茶	40	35		35		20	25	25
	绿茶	60							
	乌龙茶	50							
	花茶	40							
	其他茶	40							
果汁含量（质量分数）(%)		－	≥5.0	－			－		
蛋白质含量（质量分数）(%)					≥0.5	－		－	
二氧化碳气体含量（20℃容积倍数）				－			≥1.5	－	
注：如果产品声称低咖啡因，咖啡因的含量不应大于上表中规定的同类产品咖啡因最低含量的50%。									
总砷（以 As 计）/（mg/L）					≤0.2				
铅（Pb）/（mg/L）					≤0.3				
铜（Cu）/（mg/L）					≤5.0				

3．微生物指标

项　目		指　标
菌落总数/（CFU/mL）	≤	100
大肠菌群/（MPN/100mL）	≤	6
霉菌/（CFU/mL）	≤	10
酵母/（CFU/mL）	≤	10
致病菌（沙门氏菌、志贺氏菌、金黄色葡萄球菌）		不得检出

五、产品质量检验

1．产品质量检验流程

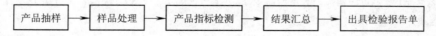

产品抽样 → 样品处理 → 产品指标检测 → 结果汇总 → 出具检验报告单

2. 检验报告

产品检验报告单			
			报告单号：
产品名称		产品生产单位	
型号规格		生产日期	
委托检验部门		收样时间	
委托人		收样地点	
委托人联系方式		样品数量	
收样人		封样数量	
样品状态		封样贮存地点	
封样人员		检测日期	
检验依据			
检验项目	感官指标、茶多酚、咖啡因、蛋白质、二氧化碳气体含量、铅、总砷、铜、菌落总数、大肠菌群、霉菌、酵母、致病菌		
检验各项目	合格指标	实测数据	是否合格
检验结论			

编制：　　　　　　　　　审核：　　　　　　　　　　　　　批准：

任务评价

实训程序	工作内容	技能标准	相关知识	单项分值	满分值
准备工作	清洁卫生	能发现并解决卫生问题	操作场所卫生要求	5	10
	准备并检查设备和工具	1. 准备本次实训所需所有仪器和容器 2. 仪器和容器的清洗和控干 3. 检查设备运行是否正常	1. 清洗方法 2. 不同设备的点检	5	
筛选	筛选各种原辅料	按照各种原料的标准筛选	各种原料的质量标准	5	5
浸提	浸提茶叶	能熟练使用茶叶浸提设备	茶叶浸提的要求	10	10
过滤	过滤	会熟练使用硅藻土过滤机	硅藻土过滤机操作规程	5	5
调配	调配	会熟练将茶液与其他配料调配，并进行定容	料液的准确定容	5	5
杀菌	UHT 杀菌	能熟练使用 UHT 杀菌机	使用 UHT 杀菌机的注意事项	10	10
灌装	无菌热灌装	会操作"三合一"全自动热灌装机	"三合一"全自动热灌装机操作规程	10	10
倒瓶	倒瓶	会操作倒瓶机	倒瓶机的操作规程	10	10
包装	对成品喷印生产日期、自动包装入库	能熟练使用喷码机、全自动直进料袖口式包装机，能按要求的规格进行装箱	喷码机和全自动直进料袖口式包装机的操作规程	5	5
检验	检验	对成品按照标准进行感官、理化和微生物检验，并出具检验报告单	产品的卫生标准	10	10
实训报告	实训内容	实训完毕能够写出实训具体的工艺操作流程		5	20
	注意事项	能够对操作中的主要问题进行分析比较		5	
	结果讨论	能够对实训产品做客观的分析、评价、探讨		10	

考核内容	满 分 值	水平/分值		
		及　格	中　等	优　秀
清洁卫生				
准备并检查设备和工具				
筛选				
浸提				
过滤				
调配				
杀菌				
灌装				
倒瓶				
包装				
检验				
实训内容				
注意事项				
结果讨论				

任务 4 >>>

蛋白饮料的加工

蛋白饮料类产品包括以乳或乳制品，或有一定蛋白质含量的植物的果实、种子或种仁等为原料，经加工或发酵制成的饮料，包括含乳饮料、植物蛋白饮料、复合蛋白饮料。

1. 含乳饮料

含乳饮料是指以新鲜牛乳或乳粉为原料，经发酵或未经发酵，加入糖（或甜味剂）、酸味剂、果汁或其他辅料加工而成的液状或糊状制品。含乳饮料分为配制型含乳饮料、发酵型含乳饮料和乳酸菌饮料。

（1）配制型含乳饮料　以乳或乳制品为原料，加入水，以及食糖和（或）甜味剂、酸味剂、果汁、茶、咖啡、植物提取液等的一种或几种调制而成的饮料。

（2）发酵型含乳饮料　以乳或乳制品为原料，经乳酸菌等有益菌培养发酵制得的乳液中加入水，以及食糖和（或）甜味剂、酸味剂、果汁、茶、咖啡、植物提取液等的一种或几种调制而成的饮料，如乳酸菌乳饮料。根据其是否经过杀菌处理而区分为杀菌（非活菌）型和未杀菌（活菌）型。

（3）乳酸菌饮料　以乳或乳制品为原料，经乳酸菌发酵制得的乳液中加入水，以及食糖和（或）甜味剂、酸味剂、果汁、茶、咖啡、植物提取液等的一种或几种调制而成的饮料，根据其是否经过杀菌处理而区分为杀菌（非活菌）型和未杀菌（活菌）型。

2. 植物蛋白饮料

植物蛋白饮料是指用有一定蛋白质含量的植物果实、种子或果仁等为原料，经加工制得（可经乳酸菌发酵）的浆液中加水，或加入其他食品配料制成的饮料，如豆奶（乳）、豆浆、豆奶（乳）饮料、椰子汁（乳）、杏仁露（乳）、核桃露（乳）、花生露（乳）。

3. 复合蛋白饮料

复合蛋白饮料是指以乳或乳制品和不同的植物蛋白为主要原料，经加工或发酵制成的饮料。

>>> 任务 4-1　配制型含乳饮料的加工

近年来，含乳饮料市场发展迅猛，2013 年国内含乳饮料的第一品牌——营养快线，单品实现销售额突破 200 亿元。其中，配制型含乳饮料的品种较多，市场份额较大。从品牌结构上来看，含乳饮料市场品牌比较集中，娃哈哈营养快线、伊利优酸乳、银鹭花生牛奶等都成功占领了一席之地。

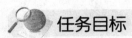 **任务目标**

（1）知道蛋白饮料的分类以及市场概况，熟悉有关含乳饮料的国家标准和卫生标准。
（2）知道配制型含乳饮料的工艺流程和关键控制环节。
（3）会操作所使用到的加工设备。
（4）能处理配制型含乳饮料的沉淀、分层等稳定性常见问题。

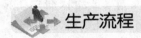 **生产流程**

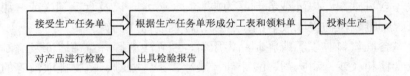

接受生产任务单 → 根据生产任务单形成分工表和领料单 → 投料生产 →

对产品进行检验 → 出具检验报告

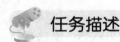 **任务描述**

根据生产任务计划单，组长制订配置型含乳饮料生产及检验的详细工作安排（包括人员分工、设备点检、原辅材料的领用、仓库分配），严格按生产工艺规范进行生产，生产过程中严格控制关键控制点，并做好生产过程的记录，及时判断问题、排除故障，最后对产品进行检验，出具检验报告。

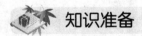 **知识准备**

一、配制型含乳饮料的生产

1. 实验设备和材料

主要设备：夹层锅、溶糖缸、调配缸、配料缸、无菌缸、饮料泵、胶体磨、三合一灌装机、均质机、UHT 杀菌机、套标机、管道过滤器、冷却隧道、喷码机等。

主要材料：白砂糖、食用香精、乳粉、柠檬酸、柠檬酸钠、CMC、稳定剂、乳化剂、高温 PET 饮料瓶、普通饮料瓶盖。

2．工艺流程

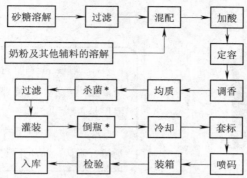

标注*的为关键控制点。

1．溶糖：先往夹层锅内加入夹层锅容积1/5～1/3的水，打开蒸汽阀，水温升至大约50℃，开动夹层锅搅拌，缓慢将预先称好的砂糖倒入（整包倒入时注意将砂糖的小标签纸从袋内挑出），砂糖溶解完成后泵入下一工序。

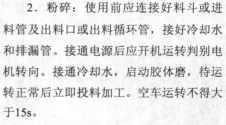

2．粉碎：使用前应连接好料斗或进料管及出料口或出料循环管，接好冷却水和排漏管。接通电源后应开机运转判别电机转向。接通冷却水，启动胶体磨，待运转正常后立即投料加工。空车运转不得大于15s。

操作人员应严守岗位，发现故障及时停机，排除故障后再用。

3．调配：配料缸可采用带夹层的冷热缸，使用热水前需检查配料缸供给的热水温度是否达到85℃。

领取调配中使用的香精，对小料的品质进行确认，品质正常方可使用。

4．均质：使用前检查设备，均质机使用参数是温度70～80℃、压力10～25MPa。使用时先将温度升高，均质的效果会较好，但温度过高时，均质机磨损会加快。

5．杀菌：打开进料泵，排尽UHT杀菌机的水后进料循环。打开蒸汽阀，当杀菌的温度达到135℃后，向下一工序放料。为保证杀菌的效果，杀菌过程温度保证在135～140℃，向UHT杀菌机提供的蒸汽的压力不得小于0.8MPa。此工序为关键控制点。在生产过程中，必须对其进行严格的监控，监控的频率为5min，并进行记录。

6. 灌装：确定每班次生产产品的品种和批号，检查并确认本班次生产的产品所用的原辅料的正确性，并对原辅料的厂家、生产日期、生产批号、保质期等方面做好详细的记录，以备追溯；开机前应先对下盖间进行检查，检查盖子和塞子是否已经进行紫外杀菌，盖子的暖盖温度是否达到25～32℃，下盖间的卫生情况是否良好、达到质量要求。

7. 冷却：冷却隧道对产品进行冷却。产品从灌装间出来后，进入冷却隧道，冷却隧道内不断地向产品喷淋冷却水，让产品很快可以冷却下来。

使用前检查喷头的喷淋，记录喷头压力，每班要检查喷头的状态和回流水的水质。

8. 包装：套标机完成标签的套标和热收缩工艺。使用前预热达到设定的温度，检查每班使用的标签是否正确无误，标签有无缺陷。记录套标机的温度和使用时间。

二、生产工艺及设备

1. 溶糖

砂糖的溶糖方式有冷溶和热溶两种方式。

冷溶即用未经加热的冷水直接来溶解，此溶糖方式不需要用蒸汽，较为节能，但溶糖的效率较低，适用于产能较小的情况。

热溶即用热水来溶糖，一般在夹层锅中进行操作。先往夹层锅内加入夹层锅容积 1/5～1/3 的水，打开蒸汽阀，水温升至大约 50℃，开动夹层锅搅拌，缓慢将预先称好的砂糖倒入（整包倒入时注意将砂糖的小标签纸从袋内挑出），砂糖溶解完成后泵入下一工序。带搅拌的夹层锅如图 4-1 所示。热溶糖法虽然能耗有所增加，但效率较高，工厂为了提高产量均普遍使用此方式进行溶糖。

图 4-1　带搅拌的夹层锅

2．过滤

饮料用的砂糖一般都采用一级糖，由于砂糖中含有少量的杂质，这些杂质会对饮料的品质产生影响，所以砂糖在溶解后必须进行过滤。

用于含乳饮料的糖液要求的澄清度不高，只需将一些肉眼能看到的杂质过滤掉即可。糖液的过滤可采用过滤网袋进行过滤。糖液用饮料泵输送至下一工序前，在糖液的出口处用过滤网袋绑住进行过滤。在生产过程中，需要每隔 2h 左右检查一次过滤网袋，如果有破损须马上更换完好的。

过滤网袋一般都为自加工，即购回符合要求的过滤网后，自行缝制。

3．奶粉的溶解

奶粉可在高速搅拌缸中溶解。往高速搅拌缸加入约 1/3 容积的水，启动搅拌器，然后将按配方称量好的奶粉加入高速搅拌缸充分搅拌溶解。

4．其他辅料的溶解

其他辅料一般包括除酸味剂以外的食品添加剂，如一些乳化剂、增稠剂或甜味剂等。这些添加剂如果有些较难分散在水中的，可以提前取这些添加剂和白砂糖（白砂糖的量约为添加剂的 2 倍）进行预混合，预混合均匀后再进行溶解。

溶解可以在高速的搅拌缸中进行操作，某些在高速搅拌缸中难分散的辅料可以利用胶体磨进行操作。如果辅料中含有明胶或其他较难吸水的成分，建议在进行溶解前先浸泡 1～2h 再进行操作。

胶体磨是由电动机通过皮带传动带动转齿（或称为转子，如图 4-2 所示）与相配的定齿（或称为定子，如图 4-3 所示）做相对的高速旋转，其中转齿高速旋转，定齿静止，被加工物料通过本身的重量或外部压力（可由泵产生）加压产生向下的螺旋冲击力，透过定、转齿之间的间隙（间隙可调）时受到强大的剪切力、摩擦力、高频振动、高速旋涡等物理作用，使物料被有效地乳化、分散、均质和粉碎，达到物料超细粉碎及乳化的效果。

图 4-2　胶体磨转子

图 4-3　胶体磨定子

胶体磨有立式和卧式两种。立式采用垂直安装，占地较少，但由于物料在电机上方，物料很容易流下来烧坏电机，其适用于产量较小的情况。卧式胶体磨电机与磨分开，占地面积较大，但其适用于产量较大的情况。立式胶体磨和卧式胶体磨分别如图 4-4 和图 4-5 所示。

图 4-4　立式胶体磨

图 4-5　卧式胶体磨

胶体磨的操作：

（1）使用前应连接好料斗或进料管及出料口或出料循环管，接好冷却水和排漏管。

（2）接通电源后应开机运转判别电机转向（从进料口看方向应为顺时转）。

（3）在满足加工物料细度要求的情况下，调节磨片间隙（尽可能使磨片间隙稍大一些），并锁紧调节环，使磨片间隙固定。

（4）接通冷却水，启动胶体磨，待运转正常后立即投料入磨加工。空车运转不得大于 15s。

（5）加工物料不允许有石英、碎玻璃、金属屑等硬物混入其中，否则入磨将损坏动、静磨片。

（6）注意电动机负荷，发现过载要减少投料。

（7）操作人员应严守岗位，发现故障及时停机，排除故障后再用。

（8）胶体磨使用后应彻底清洗，勿使物料残留机内，以免机械密封黏结引起泄漏。

（9）检修后回装必须用百分表校正壳体内表面与主轴的同轴度，使之误差≤0.05mm，并在拆开装回调整过程中，绝不允许用铁锤直接敲击，应用木锤或垫上木块轻轻敲击，以免损坏零件。

5. 混配

将已溶解并过滤的糖液、奶粉和其他辅料通过饮料泵泵至配料缸中，开动配料缸中的搅拌器，让物料混合均匀。

　　配料缸可以采用带夹层的冷热缸，如图 4-6 所示，也可用单层的不锈钢材质的缸。冷热缸可以根据其容量大小分为 5 00L（半吨缸）、1 000L（1 吨缸）、2 000L（2 吨缸）和 3 000L（3 吨缸）等，根据实际产量的大小向专业厂家购买。单层的缸体，除了向专业厂家购买也可以根据实际情况自加工制作。

　　冷热缸又称老化罐、配料缸，由内胆、中层夹套、保温层、外包皮、减速器、搅拌浆、温度计等组成。

　　（1）内胆：采用 304 不锈钢板材料制成，表面抛光。

　　（2）中层夹套：采用 A3 钢板或 1Cr18Ni9Ti 钢板制成。冷水从上到下（无压力），达到最佳升温和降温的目的。

图 4-6　配料缸（带夹层的冷热缸）

　　（3）保温层：由不锈钢板抛成鱼鳞花纹或亚光处理而成，保温层用聚氨酯或玻璃棉保持与外界的温度，达到保温的效果。

　　（4）减速器：摆线针轮行星减速器，固定在横梁中的托架上，减速器输出轴与搅拌浆连接，采用活套连接，便于拆装与清洗。

　　（5）温度计：规格为 0~100℃，安装在横梁上，直伸最低介质位置，使料液用到最低位置时也能指示出温度，确保杀菌或老化的效果。

　　冷热缸可以作为加热、冷却、保温、杀菌处理或贮藏浆料的设备。

6. 加酸

　　添加酸味剂的方法：酸味剂用少量水溶解后，开动配料缸的搅拌，边搅拌边加入酸味剂，应避免直接加入。

　　由于含乳饮料中所含的蛋白质基本由牛乳提供，牛乳中的蛋白质 80% 为酪蛋白。酪蛋白的 PI（等电点）约为 4.6，当其所处溶液的 pH 值降到 4.6 时，酪蛋白即会因失去其表面的电荷而凝聚成大分子，酪蛋白便容易发生凝聚沉淀。因此，在配料时必须注意酸味剂不能与奶粉等进行混合。

　　为防止蛋白质发生沉淀，可以采取以下措施：

　　（1）减小分散在体系中的蛋白质粒子的粒径。减小蛋白质的粒径，可以采用均质的办法。在 10~25MPa 的压力条件下进行均质可以取得较好的效果。

　　（2）尽量缩小蛋白质粒子和分散媒的密度差。可以采用添加蔗糖的办法来实现。蔗糖能在酪蛋白表面形成一层糖被膜，提高酪蛋白与分散介质的亲和力。但添加时，应注意与酸的酸比（即酸甜比），使其产生适当的酸甜口感。

　　（3）加大分散媒的黏度系数。增稠剂的使用可以大大提高溶液的黏度，并使溶液体系产生悬浮作用，从而有效避免蛋白质发生沉淀。

　　常用的增稠剂以果胶、耐酸型的 CMC（羧甲基纤维素钠）等为主，同时配合添加适用的乳化剂能取得较好的效果。

7. 定容

　　将所有的配料都溶解结束并混合均匀后，最后根据配方在配料缸中补充未加足的水。

　　定容的方法可以采用自动的计量装置，也可以采用人工的办法，将水加到在配料缸中预先做好标记的位置即可。

8．调香、添加色素

如果配方用到有香精、色素时，应在定容结束后进行添加。

添加香精的办法：香精一般为液体香精，用来量取香精的容器在使用前应清洗干净；在取用香精时必须核对清楚所需要添加的香精的品种、型号、用量，避免用错；量取时要做到准确，因为香精的用量相对较少，少量的误差可能都会对成品的口味产生较大影响。向配料缸中添加香精时，必须先开动配料缸的搅拌，边加入边搅拌，加完香精后要继续开动配料缸的搅拌 10min 以上，以确保香精均匀分散到料液中。每次用完的香精瓶子要及时清走，以避免产生误用现象。

添加色素的办法：色素大部分都是粉状的固体，由于其添加量比较少，必须用天平来称取，取用时先核对所需要用到的色素品种以及用量，称取的操作必须准确。称好的色素先用温开水溶解后，再向配料缸中添加，添加时配制缸先开动搅拌，边加入边搅拌，加完色素后要继续开动配料缸的搅拌 10min 以上，以确保色素均匀分散到料液中。

由于用于饮料的香精大多数为水溶性香精，其对热不稳定，易于挥发，所以应尽量选择在配料的后工序添加。色素也应避免在配料的前面工序中添加，因为大多数的色素对热不稳定。

每次使用香精、色素后应进行对应的登记，以确保不发生用错香精、色素的现象。记录表见表 4-1。

表 4-1　香精、色素添加记录表

日　期	时　间	产品名称	香　精		色　素		签　名
			品种型号	用量/mL	品种型号	用量/g	

9．均质

均质是使浆料中的成分更加均匀分散，浆料更加稳定，使产品在贮藏过程中不发生分层或沉淀现象。

为保证均质的效果，均质时须将温度升高，这样均质的效果会较好，但温度过高时，均质机磨损会加快。均质的参数是温度 70~80℃，压力 10~25MPa。

生产不同品种时，应选择具体的均质压力。

同时，生产过程中为加强生产质量的控制，应记录均质时的温度和压力。记录表见表4-2。

表4-2　均质记录表

日　期	时　间	产品名称	均质压力	均质温度	记录人签名

10．UHT 杀菌

此步骤为CCP1（关键控制点1），关键控制点（CCP）的定义：确定可以进行控制，并且食品安全危害能被预防、消除或减少到可以接受的水平的一个点、步骤或程序。此步骤可以预防、消除或减少生物性危害。

此步骤必须进行严格的监控，按要求进行监控并且记录。记录表格见表3-2。

"危害"指的是食物中可能引起疾病或伤害的情况或污染。食品中的危害分为3种，分别是生物性危害、化学性危害和物理性危害。

（1）生物性危害

生物性危害包括有害的细菌、病毒、原生动物或寄生虫。

（2）化学性危害

化学性危害包括因为立即的或长期的暴露引起疾病或伤害的化合物，包括自然出现的化学物质，特意加入的化学药品，无意或偶然加入的化学药品。例如，天然的动植物本身存在的毒素、人为添加的一些添加剂（如亚硝酸盐）、农药残留等。

（3）物理性危害

物理性危害包括任何在食品中发现的不正常的潜在的有害的外来物，如玻璃、金属碎片、砂石等。

11．过滤

在灌装前进行过滤，可以有效地减少杂质对饮料的影响。

此步骤常用管道过滤器，即将管道过滤器连接在灌装前的管道中即可。管道过滤器一般采用不锈钢的材质30目的滤网，每次在生产前必须进行检查，看滤网是否有破损，如有破损必须更换。

12．灌装

采用无菌热灌装的方式进行灌装。无菌热灌装可以更加有效地保证灌装后的产品不受微生物的污染。物料的灌装温度要求保证在85℃以上，无菌灌装间洁净度达到十万级。

灌装机采用"三合一"全自动热灌装机。"三合一"全自动热灌装机包含洗瓶机、灌装机和上盖机。其工作原理和操作与三合一灌装机一致。

13. 倒瓶

灌装后，将饮料瓶垂直翻转 180°，利用灌装后的瓶内饮料的余温对瓶盖进行杀菌的过程称为倒瓶。

此步骤为 CCP2（关键控制点 2），是预防、消除或减少瓶盖可能产生的生物性危害的关键步骤。此步骤必须进行严格的监控并记录。记录可参考表 4-3。

表 4-3　CCP2：倒瓶监控记录表

日　　　期	时　　间	产 品 名 称	瓶内饮料温度/℃	封盖是否完好	记录人签名

14. 冷却

灌装后的产品应尽快冷却。

冷却的方式可以采用产品摆放在车间内，让其自然冷却，此方式比较节能，但效率较低，不利于连续生产。

在实际生产中，往往采用冷却隧道对产品进行冷却。产品从灌装间出来后，进入冷却隧道，冷却隧道内不断地向产品喷淋冷却水，让产品很快即可冷却下来。此方式能让产品以连续的方式进行生产，有利于产能的提升。冷却隧道的外部和内部分别如图 4-7 和图 4-8 所示。

图 4-7　冷却隧道外部　　　　　　　　图 4-8　冷却隧道内部

15. 套标

冷却后的产品输送至自动套标机，将产品的标签套在产品上。套上标签的产品，马上进入蒸汽收缩炉，蒸汽收缩炉内喷出的蒸汽使标签紧紧地包裹在产品上，形成外观良好的产品。自动套标机及蒸汽收缩炉如图4-9所示。

图4-9　自动套标机及蒸汽收缩炉

16．喷码

在产品的瓶盖或瓶身喷上生产日期和批号。要求喷码清晰、字体工整一致。

17．装箱

可以采用人工装箱的方式，也可以采用全自动装箱机装箱。

人工装箱方式较灵活，可以适用于各种规格的装箱，但劳动强度大，人工耗用较高，生产效率相对较低。

全自动装箱机（与自动开箱机和自动封箱机联合使用）的装箱效率非常高，大大减少人工的耗用以及降低劳动强度，但其装箱规格较单一，不能适用于灵活多变的装箱规格，因此其适用于单一品种产量较大的情况。

18．检验

检验是对生产完成的成品进行抽检，按照产品的卫生标准完成出厂前的各项指标检验，检验合格的办理成品入库手续，准予出厂。

19．入库

对检验合格的产品办理入库手续，并按照成品的贮存要求进行贮存，以确保产品的质量。

 **任务实施**

一、领取学习任务

生产任务单							
产品名称	产品规格	生产车间	单　位	数　量	开工时间	完工时间
配制型含乳饮料	350mL	配制型含乳饮料生产车间	箱	100		

二、填写任务分工表

序号	操作内容		主要操作者	协助者
1		工具领用		
2		材料领用		
3		检查及清洗设备、工具		
4		原材料准备		
5		设备准备		
6		溶糖		
7		粉碎		
8	配制型含乳饮料的生产	调配		
9		均质		
10		杀菌		
11		过滤		
12		灌装		
13		冷却		
14		包装		
15		生产场地、工具的清洁		
16				
17	产品检验			
18				
19				

三、填写任务准备单

序号	设备名称	规格	使用数量
1	夹层锅	台	
2	溶糖缸	台	
3	调配缸	台	
4	配料缸	台	
5	无菌缸	台	
6	饮料泵	台	
7	胶体磨	台	
8	三合一灌装机	台	
9	均质机	台	
10	UHT杀菌机	台	
11	套标机	台	
12	管道过滤器	台	
13	冷却隧道	台	
14	喷码机	台	

车间设备单

原辅料领料单						
领料部门			发料仓库			
生产任务单号			领料人签名			
领料日期			发料人签名			
序号	物料名称	品牌规格	单价/元	发料数量	小计/元	合计/元
1	白砂糖					
2	乳粉					
3	乳化剂					
4	稳定剂					
5	柠檬酸					
6	柠檬酸钠					
7	食用香精					
8	高温 PET 饮料瓶					
9	普通饮料瓶盖					
10	CMC					

四、产品检验标准

根据 GB 11673—2003《含乳饮料卫生标准》，所有出厂的含乳饮料的质量要达到以下几项指标：

1．感官指标

应具有加入物相应的色泽、气味和滋味，无异味，质地均匀，无肉眼可见的外来杂质。

2．理化指标

项　　目		指　　标
蛋白质/（g/100mL）	≥	1.0
脂肪[①]/（g/100mL）	≥	1.0
总砷（以 As 计）/（mg/L）	≤	0.2
铅（Pb）/（mg/L）	≤	0.05
铜（Cu）/（mg/L）	≤	5.0

① 仅适用于以鲜奶为原料。

3．微生物指标

项　　目		指　　标
菌落总数/（CFU/mL）	≤	10 000
大肠菌群/（MPN/100mL）	≤	40
霉菌和酵母/（CFU/mL）	≤	10
致病菌（沙门氏菌、志贺氏菌、金黄色葡萄球菌）		不得检出

五、产品质量检验

1．产品质量检验流程

产品抽样 → 样品处理 → 产品指标检测 → 结果汇总 → 出具检验报告单

2．检验报告

产品检验报告单			
			报告单号：
产品名称		产品生产单位	
型号规格		生产日期	
委托检验部门		收样时间	
委托人		收样地点	
委托人联系方式		样品数量	
收样人		封样数量	
样品状态		封样贮存地点	
封样人员		检测日期	
检验依据			
检验项目	感官指标、净含量、蛋白质、脂肪、铅、总砷、铜、菌落总数、大肠菌群、霉菌和酵母、致病菌		
检验各项目	合格指标	实测数据	是否合格
检验结论			

编制：　　　　　　　　审核：　　　　　　　　批准：

 任务评价

实训程序	工作内容	技能标准	相关知识	单项分值	满分值
准备工作	清洁卫生	能发现并解决卫生问题	操作场所卫生要求	5	10
	准备并检查设备和工具	1．准备本次实训所需所有仪器和容器　2．仪器和容器的清洗和控干　3．检查设备运行是否正常	1．清洗方法　2．不同设备的点检	5	
备料	准备各种原辅料	按照各种标准准备原辅料	各种原料的质量标准	5	5

（续）

实训程序	工作内容	技能标准	相关知识	单项分值	满分值
溶糖	白砂糖、奶粉及小料的溶解	根据操作要点对各种原料进行溶解，并能熟练使用对应的设备	原料溶解的要求	5	5
粉碎	其他配料的粉碎	能熟练操作胶体磨并明白粉碎的指标	胶体磨的操作规程	5	5
调配	调配	会熟练进行调整浓度、酸度和添加香精	食品添加剂的使用	10	10
均质	均质	会熟练操作均质机并明白均质的指标	均质机的操作规程	5	5
杀菌	UHT 杀菌	明白 UHT 设备的操作以及条件	UHT 操作规程	10	10
灌装	灌装	能使用三合一灌装机	使用三合一灌装机注意事项	10	10
包装	对成品喷印生产日期、套标签、装箱入库	能熟练使用喷码机、套标机，能按要求的规格进行装箱	喷码机和套标机操作规程	5	5
检验	检验	对成品按照标准进行感官、理化和微生物检验，并出具检验报告单	产品的卫生标准	10	10
实训报告	实训内容	实训完毕能够写出具体的工艺操作流程		10	25
	注意事项	能够对操作中的主要问题进行分析比较		5	
	结果讨论	能够对实训产品做客观的分析、评价、探讨		10	

考核内容	满分值	水平/分值		
		及 格	中 等	优 秀
清洁卫生				
准备并检查设备和工具				
备料				
溶糖				
粉碎				
调配				
均质				
杀菌				
灌装				
包装				
检验				
实训内容				
注意事项				
结果讨论				

>>> 任务 4-2　发酵型含乳饮料的加工

发酵型含乳饮料与配制型含乳饮料最大的区别是，发酵型含乳饮料是以乳或乳制品为主要原料，经杀菌后采用乳酸菌类菌种培养发酵，添加水和食品辅料调制，再经过杀菌或不杀菌而制成的饮料。其风味主要在发酵后产生，产品中含有发酵后产生的有益健康的成分，如一些维生素类的物质，同时能够促进胃肠蠕动，提高钙、磷、铁的利用率，特别是活菌型的产品中还含有益生菌，这类益生菌能够抑制肠道内的有害菌，对人体的健康更加有利。由于发酵含乳饮料中的乳糖在发酵过程中被微生物降解，可减轻乳糖不耐症患者因牛乳中含有乳糖所带来的不良影响。

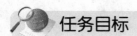

任务目标

（1）熟悉有关发酵型含乳饮料的国家标准和卫生标准。
（2）知道发酵型含乳饮料的工艺流程和关键控制环节。
（3）会操作所使用到的加工设备。
（4）能处理发酵型含乳饮料的稳定性等常见问题。

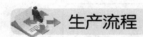

生产流程

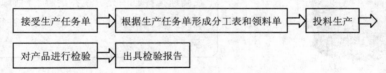

接受生产任务单 → 根据生产任务单形成分工表和领料单 → 投料生产 →

对产品进行检验 → 出具检验报告

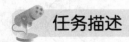

任务描述

根据生产任务计划单，组长制订发酵型含乳饮料生产及检验的详细工作安排（包括人员分工、设备点检、原辅材料的领用、仓库分配），严格按生产工艺规范进行生产，生产过程中严格控制关键控制点，并做好生产过程的记录，及时判断问题排除故障，最后对产品进行检验，出具检验报告。

知识准备

一、发酵型含乳饮料的生产

1. 实验设备和材料

主要设备：夹层锅、高速搅拌缸、配料缸、饮料泵、高压均质机、UHT 杀菌机、无菌缸、板式热交换器、管道过滤器、四合一灌装机、喷码机、装箱机、套标机等。

主要材料：白砂糖、乳粉、乳化剂、增稠剂、食用香精、高温 PET 饮料瓶、普通饮料瓶盖。

2．工艺流程

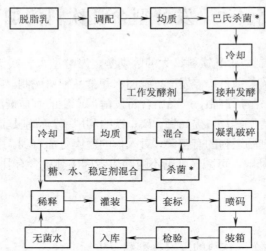

脱脂乳 → 调配 → 均质 → 巴氏杀菌*

巴氏杀菌* → 冷却

工作发酵剂 → 接种发酵

冷却 ← 均质 ← 混合 ← 凝乳破碎

糖、水、稳定剂混合 → 杀菌*

稀释 → 灌装 → 套标 → 喷码

无菌水 / 入库 ← 检验 ← 装箱

标注*的为关键控制点。

1．溶解：将按配方称量好的脱脂乳粉在高速搅拌缸中充分搅拌溶解。溶解好的脱脂乳泵到配料缸中，按配方要求进行定容。

2．均质：使用前检查设备，均质机使用参数是温度70～80℃、压力10～25MPa。使用前先将温度升高，均质的效果会较好，但温度过高时，均质机磨损会加快。

3．调配：均质完成的浆料泵至带夹层的配料缸（冷热缸）中，向缸体夹层通入95℃以上的热水，开动搅拌，让夹层的热水加热缸内的浆料。当温度升高至85℃时，停止向配料缸内供热水，让缸内的浆料在85～87℃下，保温15min进行巴氏杀菌。

4．冷却：杀菌结束后，迅速将乳冷却到40～50℃的接种所需温度。冷却通过板式热交换器进行。

5．发酵：将发酵剂按需发酵的脱脂乳量3%～5%进行接种发酵，发酵的温度控制在43℃±1℃，发酵时间约4h。

6．凝乳破碎：通过机械力破碎凝胶体，使凝胶体的粒子直径达到0.01～0.4mm，并使酸乳硬度和黏度及组织状态发生变化。

7．混合：将糖、稳定剂泵至已经破碎的凝乳中进行混合，混合均匀后泵入均质机进行均质。

8．灌装：灌装方法采用无菌冷灌装。灌装注意环境卫生状况，定时检测空间环境的洁净度是否达到要求。

二、生产工艺及设备

1．溶解

将按配方称量好的脱脂乳粉在高速搅拌缸中充分搅拌溶解。溶解好的脱脂乳泵到配料缸中，按配方要求进行定容。

2．均质

均质是使浆料中的成分更加均匀分散，浆料更加稳定，使产品在贮藏过程中不发生分层或沉淀现象。

为保证均质的效果，均质时须将温度升高，这样均质的效果会较好，但温度过高时，均质机磨损会加快。均质的参数是温度 70～80℃、压力 10～25MPa。生产不同品种时，应选择具体的均质压力。

同时，生产过程中为加强对生产质量的控制，应记录均质时的温度和压力。记录表可见表 4-2。

高压均质机（如图 4-10 所示）的特点：

图 4-10　高压均质机

（1）细化作用更为强烈。这是因为均质阀的阀芯和阀座之间在初始位是紧密贴合的，只是在工作时被料液强制挤出了一条狭缝；而离心式乳化设备的转子、定子之间为满足高速旋转并且不产生过多的热量，必然有较大的间隙（相对均质阀而言）；同时，由于均质机的传动机构是容积式往复泵，所以从理论上说，均质压力可以无限地提高，而压力越高，细化效果就越好。

（2）均质机的细化作用主要是利用了物料间的相互作用，所以物料的发热量较小，因而能保证物料的性能基本不变。

（3）均质机能定量输送物料，因为它依靠往复泵送料。

（4）均质机耗能较大。

（5）均质机易损，维护工作量较大，特别在压力很高的情况下。

（6）均质机不适合于黏度很高的情况。

3．调配

均质完成的浆料泵至带夹层的配料缸（冷热缸）中，向缸体夹层通入 95℃以上的热水，开动搅拌，让夹层的热水加热缸内的浆料。当温度升高至 85℃时，停止向配料缸内供热水，让缸内的浆料在 85～87℃下保温 15min 进行巴氏杀菌。此工序为关键控制点，需要对其进行严格的监控并记录，监控频率为 5min。记录表格见表 4-4。

表 4-4　脱脂乳巴氏杀菌记录表

日　　期	产品名称	巴氏杀菌温度/℃	杀菌起始时间	杀菌结束时间	记录人签名

（1）巴氏杀菌的由来

巴氏杀菌法的产生来源于巴斯德解决啤酒变酸的问题。当时，法国酿酒业面临着一个令人头疼的问题，那就是啤酒在酿出后会变酸，根本无法饮用。而且这种变酸现象还时常发生。巴斯德受人邀请去研究这个问题。经过长时间的观察，他发现使啤酒变酸的罪魁祸首是乳酸杆菌。营养丰富的啤酒简直就是乳酸杆菌生长的天堂。采取简单的煮沸的方法是可以杀死乳酸杆菌的，但这样一来啤酒也就被煮坏了。巴斯德尝试使用不同的温度来杀死乳酸杆菌，而又不会破坏啤酒本身。最后，巴斯德的研究结果是：以 50～60℃的温度加热啤酒半小时，就可以杀死啤酒里的乳酸杆菌，而不必煮沸。这一方法挽救了法国的酿酒业。这种灭菌法也就被称为"巴氏杀菌法"

（2）巴氏杀菌的原理

在一定温度范围内，温度越低，细菌繁殖越慢；温度越高，繁殖越快。但温度太高，细菌就会死亡。不同的细菌有不同的最适生长温度和耐热、耐冷能力。巴氏杀菌其实就是利用病原体不是很耐热的特点，用适当的温度和保温时间处理，将其全部杀灭。但经巴氏杀菌后，仍保留了小部分无害或有益、较耐热的细菌或细菌芽孢。

4．冷却

杀菌结束后，迅速将乳冷却到 40～50℃ 的接种温度。冷却通过板式热交换器进行。

板式热交换器是以波纹状板片作为传热元件，将若干片组合选压在框架内，使冷热介质分别在板片两侧空隙内流动进行热交换的热交换器。板式热交换器内的工作流体流动的方式是一侧流道走冷流体，下一侧流道走热流体，再下一侧流道走冷流体。如此依冷、热、冷、热流体的顺序在热交换内充分进行热交换，将效率发挥到极致。板式热交换器及其结构分别如图 4-11 和图 4-12 所示。

图 4-11　板式热交换器

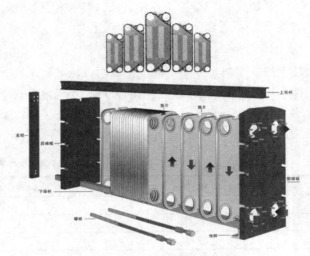

图 4-12　板式热交换器结构

5．接种发酵

（1）菌种选择

用于生产酸奶的发酵剂由两种不同的乳酸菌组成：嗜热链球菌和保加利亚乳酸杆菌。前者呈链球状，而后者呈杆状，在使用时可以单一使用或混合使用。为了取得较好的效果，往往二种菌种按 1:1 混合使用，两者混合生长属于共生关系。在培养的初级阶段，嗜热链球菌开始发育，除去作为抑制保加利亚乳酸杆菌生长的过氧化氢来源的氧，同时发酵乳饮料生产丁二酮。在嗜热链球菌产生甲酸的作用下，保加利亚乳酸杆菌稍迟发育，游离出促进嗜热链球菌生长的搭配或产生乙醛。在后期阶段，因受到所生产的乳酸的影响，嗜热链球菌的生产受到抑制，保加利亚乳酸杆菌的数量会逐渐接近嗜热链球菌。

（2）接种发酵

将工作发酵剂按需发酵的脱脂乳量的 3%～5% 进行接种，发酵的温度控制在 43℃±1℃，发酵时间约 4h。

（3）发酵终点判断

发酵一定时间后，抽样观察，若已基本凝乳，马上测定酸度，酸度达到 60～70°T，则可终止发酵。

6．凝乳破碎

通过机械力破碎凝胶体，使凝胶体的粒子直径达到 0.01～0.4mm，并使酸乳硬度和黏度及组织状态发生变化。搅拌破碎凝乳使其成糊状，为后面增加糖等配料作准备。

7. 糖、稳定剂的溶解

（1）溶糖

糖在夹层锅中溶解过滤。操作方法参考配制型含乳饮料。

（2）稳定剂溶解

稳定剂在高速搅拌缸中溶解。

（3）糖、稳定剂混合

将溶解后的糖和稳定剂混合均匀。

8. 糖、稳定剂杀菌

采用 UHT 对混合均匀的糖和稳定剂进行杀菌。杀菌条件为：135～140℃，6s。

此工序为关键控制点，需要对其进行严格的监控并记录。监控记录见表 3-2。

9. 混合

将糖、稳定剂泵至已经破碎的凝乳中进行混合，混合均匀后泵入均质机进行均质。

10. 均质

对已经混合均匀的料液通过高压均质机进行均质，使浆料中的成分更加均匀分散，浆料更加稳定，让产品在贮藏过程中不发生分层或沉淀现象。

均质时的压力为 10～14MPa。此步骤的均质压力不能太高，如果均质过度反而不易于产品的稳定。

同时在生产过程中，为加强生产质量的控制，应记录均质时的温度和压力。记录表见表 4-2。

11. 冷却

均质完成的料液通过板式热交换器，冷却至 10℃以下。

12. 稀释

用冷却至 10℃的无菌水按配方要求将料液稀释到所需浓度。

13. 灌装

灌装方法采用无菌冷灌装。无菌冷灌装就是常温下（温度≤30℃），在无菌的环境下将无菌的产品灌装到无菌的包装容器中，然后进行封盖的饮料生产技术。四合一灌装机如图 4-13 所示。

图 4-13 空瓶杀菌、洗瓶、灌装和封盖"四合一"灌装机

保证无菌的五要素是无菌的产品、无菌的空瓶、无菌的瓶盖、无菌的介质、无菌的环境。

（1）无菌的空瓶

保证空瓶无菌的步骤包括空瓶的杀菌和冲洗。空瓶杀菌的冲洗示意图如图 4-14 所示。

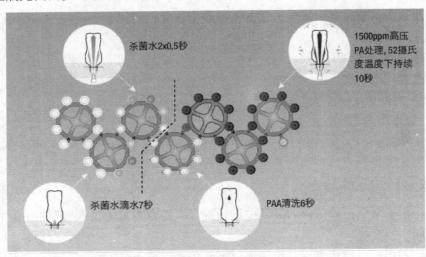

图 4-14　空瓶杀菌的冲洗示意图

（2）无菌的瓶盖

瓶盖经过药剂浸泡或喷洗杀菌，杀菌后使用无菌水冲洗，冲洗后再使用无菌空气进行吹干。

（3）无菌的介质

无菌空气——使用无菌过滤器制备。

无菌氮气——使用无菌过滤器制备。

蒸汽——需进行过滤。

无菌水——无菌水由 UHT 杀菌机制备。

（4）无菌的环境

整个产品的灌装和密封是在无菌的环境中完成的，所以对灌装环境的卫生要求很高，灌装一般是在密闭的灌装设备内完成的，要求进入灌装设备内的所有介质和包装物必须经过无菌处理，同时灌装设备的表面也要经过无菌处理，确保整个灌装环境的无菌。进入灌装设备中的介质包括空气、水、料液、包装材料（包括瓶子和瓶盖）。

14. 套标

灌装完成的产品输送至自动套标机，将产品的标签套在产品上。套上标签的产品马上进入蒸汽收缩炉，蒸汽收缩炉内喷出的蒸汽使标签紧紧地包裹在产品上，形成外观良好的产品。

15. 喷码

在产品的瓶盖或瓶身喷上生产日期和批号。要求喷码清晰、字体工整一致。

16. 装箱

可以采用人工装箱的方式，也可以采用全自动装箱机装箱。

　　人工装箱方式较灵活，可以适用于各种规格的装箱，但劳动强度大，人工耗用较高，装箱效率相对较低。

　　全自动装箱机（与自动开箱机和自动封箱机联合使用）的装箱效率非常高，大大减少了人工的耗用以及降低了劳动强度，但其装箱规格较单一，不能适用于灵活多变的装箱规格，因此其适用于单一品种产量较大的情况。

17. 检验

　　检验是对生产完成的成品进行抽检，按照产品的卫生标准完成出厂前的各项指标检验，检验合格的办理成品入库手续，准予出厂。

18. 入库

　　对检验合格的产品办理入库手续，并按照成品的贮存要求进行贮存，以确保产品的质量。

 **任务实施**

一、领取学习任务

生产任务单						
产品名称	产品规格	生产车间	单位	数量	开工时间	完工时间
发酵型含乳饮料	350mL	发酵型含乳饮料生产车间	箱	100		

二、填写任务分工表

任务分工表			
序号	操作内容		主要操作者	协助者
1		工具领用		
2		材料领用		
3		检查及清洗设备、工具		
4		原材料准备		
5		设备准备		
6	发酵型含乳饮料	溶解		
7		均质		
8		调配		
9		冷却		
10		发酵		
11		灌装		
12		包装		
13		生产场地、工具的清洁		
14	产品检验			
15				
16				
17				

三、填写任务准备单

车间设备单			
序 号	设 备 名 称	规 格	使 用 数 量
1	夹层锅	台	
2	高速搅拌缸	台	
3	配料缸	台	
4	饮料泵	台	
5	高压均质机	台	
6	UHT 杀菌机	台	
7	无菌缸	台	
8	板式热交换器	台	
9	四合一灌装机	台	
10	管道过滤器	台	
11	喷码机	台	
12	装箱机	台	
13	套标机	台	

原辅料领料单						
领料部门			发料仓库			
生产任务单号			领料人签名			
领料日期			发料人签名			
序 号	物 料 名 称	品 牌 规 格	单价/元	发料数量	小计/元	合计/元
1	白砂糖					
2	乳粉					
3	乳化剂					
4	增稠剂					
5	食用香精					
6	高温 PET 饮料瓶					
7	普通饮料瓶盖					

四、产品检验标准

根据标准 NY/T 799—2004，所有出厂的发酵型含乳饮料的质量要达到以下几项指标：

1．感官指标

项 目	要 求
色泽	均匀乳白色、乳黄色，或与产品相适应的特征色泽
组织状态	均匀细腻，无异物，无分层等不均匀的现象
滋味和气味	酸甜纯正，无其他异味

2．理化指标

（1）净含量

单件定量包装商品的净含量负偏差不得超过下表的规定；同批产品的平均净含量不得低于标准标明的净含量。

净含量/mL	负偏差允许值	
	相对偏差（%）	绝对偏差/mL
100～200	4.5	–
200～300	–	9
300～500	3	–
500～1 000	–	15

（2）蛋白质、非脂乳固体、酸度

项　目	指　标	
	乳酸菌乳饮料	乳酸菌饮料
蛋白质（%）	≥1.0	≥0.7
非脂乳固体（%）	≥3.0	≥2.0
酸度/°T	25	

（3）乳酸菌要求

项　目	指　标			
	乳酸菌乳饮料		乳酸菌饮料	
	活性乳酸菌乳饮料	非活性乳酸菌乳饮料	活性乳酸菌乳饮料	非活性乳酸菌乳饮料
乳酸菌/（CFU/mL）	$\geq 1 \times 10^6$	–	$\geq 1 \times 10^6$	–

注：乳酸菌的指标规定为产品出厂时的要求。

（4）卫生要求

单位：mg/kg

项　目		要　求
砷	≤	0.5
铅	≤	0.5
铜	≤	5.0
苯甲酸钠（以苯甲酸计）	≤	30
山梨酸、山梨酸钾（以山梨酸计）	≤	1 000
乙酰磺胺酸钾（安赛蜜）	≤	1 000
环己基氨基磺酸钠（甜蜜素）	≤	1 000
糖精钠	≤	80
人工色素	≤	符合 GB 2760

注：1. 使用本表没有规定的食品添加剂和营养强化剂时，应参照相应国家和行业标准执行。

2. 如产品中同时含有糖精钠和环己基氨基磺酸钠（甜蜜素），其总量要求不得超过 100mg/kg。

3. 微生物指标

项　　目		指　　标	
		活　　性	非　活　性
菌落总数/（CFU/mL）	≤	—	100
大肠菌群/（MPN/100mL）	≤	3	
酵母/（CFU/mL）	≤	50	
霉菌/（CFU/mL）	≤	30	
沙门氏菌		不得检出	
志贺氏菌		不得检出	
金黄色葡萄球菌		不得检出	
溶血性链球菌		不得检出	

五、产品质量检验

1. 产品质量检验流程

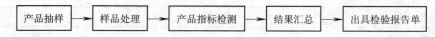

产品抽样 → 样品处理 → 产品指标检测 → 结果汇总 → 出具检验报告单

2. 检验报告

产品检验报告单			
			报告单号：
产品名称		产品生产单位	
型号规格		生产日期	
委托检验部门		收样时间	
委托人		收样地点	
委托人联系方式		样品数量	
收样人		封样数量	
样品状态		封样贮存地点	
封样人员		检测日期	
检验依据			
检验项目	感官指标、净含量、蛋白质、非脂乳固体、酸度、乳酸菌、铅、砷、铜、苯甲酸钠（以苯甲酸计）、山梨酸、山梨酸钾（以山梨酸计）、乙酰磺胺酸钾（安赛蜜）、环己基氨基磺酸钠（甜蜜素）、糖精钠、人工色素、菌落总数、大肠菌群、酵母、霉菌、致病菌		
检验各项目	合格指标	实测数据	是否合格
检验结论			

任务评价

实训程序	工作内容	技能标准	相关知识	单项分值	满分值
准备工作	清洁卫生	能发现并解决卫生问题	操作场所卫生要求	5	10
	准备并检查设备和工具	1. 准备本次实训所需所有仪器和容器 2. 仪器和容器的清洗和控干 3. 检查设备运行是否正常	1. 清洗方法 2. 不同设备的点检	5	
备料	准备各种原辅料	按照各种标准准备原辅料	各种原辅料的质量标准	5	5
溶解	脱脂乳、白砂糖及小料的溶解	各种原料根据操作要点进行溶解并能熟练使用对应的设备	原料溶解的要求	10	10
均质	使内溶物颗粒更加均匀	会熟练操作均质机并明白均质的指标	均质机的操作规程	5	5
调配	调配与巴氏杀菌	明白巴氏杀菌的操作以及条件	巴氏杀菌操作规程	10	10
冷却	将料液冷却至10℃	明白板式热交换器的操作以及条件	板式热交换器操作规程	5	5
发酵	接种发酵	明白接种发酵的操作以及条件	发酵的菌种及条件	10	10
灌装	灌装	能进行无菌冷灌装	无菌冷灌装操作规程	10	10
包装	对成品喷印生产日期、套标签、装箱入库	能熟练使用喷码机、套标机，能按要求的规格进行装箱	喷码机和套标机操作规程	5	5
检验	检验	对成品按照标准进行感官、理化和微生物检验，并出具检验报告单	产品的卫生标准	10	10
实训报告	实训内容	实训完毕能够写出具体的工艺操作流程		5	20
	注意事项	能够对操作中的主要问题进行分析比较		5	
	结果讨论	能够对实训产品做客观的分析、评价、探讨		10	

考核内容	满分值	水平/分值		
		及格	中等	优秀
清洁卫生				
准备并检查设备和工具				
备料				
溶解				
均质				
调配				
冷却				
发酵				
灌装				
包装				
检验				
实训内容				
注意事项				
结果讨论				

>>> 任务 4-3　植物蛋白饮料的加工

植物蛋白饮料由于其不含胆固醇，同时还可提供膳食纤维、维生素 E 及其他一些具有保健作用的物质，近年来发展迅速。《2014～2018 年中国植物蛋白饮料行业商业模式与投资机会研究报告》指出：2013 年中国植物蛋白饮料市场销售额达 895 亿元，同比增长 23.5%。通过统计近几年含乳及植物蛋白饮料在整体饮料结构的占比发现，含乳及植物蛋白饮料在整个饮料市场中的占比正在逐年提升，但提升的速度有减缓趋势。

 任务目标

（1）知道植物蛋白饮料的分类以及市场概况，熟悉有关植物蛋白饮料的标准。
（2）知道植物蛋白饮料的工艺流程、二次杀菌工艺和关键控制环节。
（3）会操作所使用到的加工设备。
（4）能处理植物蛋白饮料的常见质量问题。

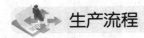 **生产流程**

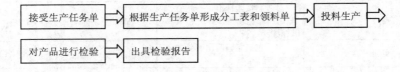

接受生产任务单 ⇒ 根据生产任务单形成分工表和领料单 ⇒ 投料生产 ⇒

对产品进行检验 ⇒ 出具检验报告

 任务描述

根据生产任务计划单，组长制订植物蛋白饮料生产及检验的详细工作安排（包括人员分工、设备点检、原辅材料的领用、仓库分配），严格按生产工艺规范进行生产，生产过程中严格控制关键控制点，并做好生产过程的记录，及时判断问题排除故障，最后对产品进行检验，出具检验报告。

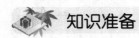 **知识准备**

一、植物蛋白饮料的生产

1. 实验设备和材料

（1）主要设备：夹层锅、高速搅拌缸、配料缸、饮料泵、豆浆粗磨机、磨浆及浆渣分离机、乳化缸、高压均质机、UHT 杀菌机、无菌缸、管道过滤器、回转式高压杀菌釜、直线型全自动灌装机、热封口机、压盖机、喷码机、套标机等。

（2）主要材料：白砂糖、大豆、奶粉、乳化剂、增稠剂、食用香精、PE 瓶、普通饮料瓶盖。

2．工艺流程

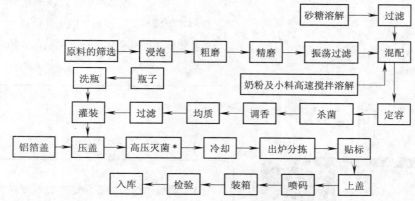

标注*的为关键控制点。

1．筛选：大豆在收获、运输或储运过程中，可能混入一些泥砂及其他杂物，因此在生产前应该将这些杂质去除。

2．磨浆：浸泡好的大豆，先进行粗磨，为精磨做准备。精磨机将粗磨的豆进一步磨碎成浆，并且将豆渣和豆浆进行浆渣分离。

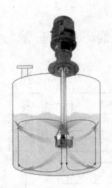

3．混合：将已溶解并过滤的糖液、奶粉和其他辅料通过饮料泵泵至乳化缸中，开动乳化缸中的高剪切分散乳化机，让物料混合均匀。

4．灌装：灌装时要保证灌装温度在70℃以上，因为过低的温度细菌容易滋生，使产品发生变质。灌装时要注意产品的容量，不宜偏低和过高。

5．杀菌：灌装、压盖封完口后的产品进入高压灭菌釜进行第二次杀菌，彻底杀灭产品中的微生物。高压灭菌的条件：125℃，45min。

6．贴标：将分拣完成的产品的标签贴在瓶子上。注意检查标签的粘合度，同时检查有无漏标、掉标的情况出现。

二、生产工艺及设备

1．筛选

用于生产豆奶的黄豆应选用优质大豆，要求色泽光亮、颗粒饱满、无霉变、虫蛀、病斑，并且以在良好条件下储存 3～9 个月的新大豆为佳。

由于大豆在收获、运输或储运过程中，可能混入一些泥沙及其他杂物，采购回来的大豆往往都有豆衣、瘪豆及其他杂质等，个别批次甚至有砂、石、玻璃等，因此在生产前应该将这些杂质去除。筛选的目的是将大豆中不应有的杂物去除，保证产品的质量。可以采用机选或人工手选。大豆选豆机如图 4-15 所示。

图 4-15　大豆选豆机

2．浸泡

浸泡可以用冷水或温水浸泡。冷水浸泡时间夏天一般为 4h，但浸泡的时间不宜超过 5h，冬天浸泡的时间需延长，为 6～8h。用温水浸泡时，水温不超 50℃，时间 2h，时间不宜超过 4h。浸泡结束后捞出沥干备用。

浸泡的目的是使大豆充分吸水变软，方便下一步的磨浆。

如果配方允许，可在浸泡大豆时加入 $NaHCO_3$，加入 $NaHCO_3$ 的作用是钝化脂肪氧化酶的活性，改善豆乳风味，同时软化细胞组织，降低磨浆时的能耗与磨损，提高胶体分散度，缩短浸泡时间，提高均质效果。$NaHCO_3$ 应配成 0.5%的水溶液使用。

3．磨浆

磨浆分粗磨和精磨。

（1）粗磨

粗磨是将大豆进行预磨，为精磨做准备。如果不预先进行粗磨，直接精磨，很容易将精磨机卡死，导致电机烧坏，并且使精磨机损耗很高。

（2）精磨

精磨机将粗磨的大豆进一步磨碎成浆，并且将豆渣和豆浆进行浆渣分离。精磨机的质量好坏直接决定大豆的利用率。磨浆及浆渣分离机如图 4-16 所示。

图 4-16　磨浆及浆渣分离机

4．振荡过滤

振荡过滤在振动床上进行，是将从精磨机出来的豆浆进一步过滤，使生产出来的产品无粗糙口感。过滤后的豆浆抽至乳化缸进行下一步生产。一般市场上无现成的振动床卖，需加工定做。

至此，大豆的处理已经介绍完毕。需要注意的是，每批次豆的磨浆及过滤应在 1h 之内完成，如果磨浆及过滤的时间过长，豆浆便发生变质，导致最终产品报废。

5．砂糖溶解

砂糖的溶糖采用热溶的方法，一般在夹层锅中进行操作。先往夹层锅内加入夹层锅容积 1/5～1/3 的水，打开蒸汽阀，水温升至大约 50℃，开动夹层锅搅拌，缓慢将预先称好的砂糖倒入（整包倒入时注意将砂糖的小标签纸从袋内挑出），砂糖溶解完成后泵入下一工序。热溶糖虽然能耗有所增加，但效率较高，工厂为了提高生产均普遍使用此方式进行溶糖。

6．过滤

在糖浆泵入乳化缸的出口处绑上 300 目的过滤袋对糖浆进行过滤，以除去糖液中的杂质。

在生产过程中要注意，每 2h 都对砂糖过滤袋检查，确保过滤袋是在完好的状态下工作，如果有破损须马上更换完好的。

过滤网袋一般都为自加工，即购回符合要求的过滤网后，自行缝制。

7．奶粉的溶解

奶粉可在高速搅拌缸中溶解。往高速搅拌缸加入约 1/3 容积的水，启动搅拌器，然后将按配方称量好的奶粉加入高速搅拌缸充分搅拌溶解。

8．其他辅料的溶解

其他辅料一般包括除酸味剂以外的食品添加剂，如一些乳化剂、增稠剂或甜味剂等。这些添加剂如果有些较难分散在水中的，可以提前取这些添加剂和白砂糖（白砂糖的量约为添加剂的 2 倍）进行预混合，预混合均匀后再进行溶解。

　　溶解可以在高速搅拌缸中进行操作，某些在高速搅拌缸中难分散的辅料可以利用胶体磨进行操作。如果辅料中含有明胶或其他较难吸水的成分，建议在进行溶解前先浸泡 1～2h 再进行操作。

9. 混配

　　将已溶解并过滤的糖液、奶粉和其他辅料通过饮料泵泵至乳化缸中，开动乳化缸中的高剪切分散乳化机（如图 4-17 所示），让物料混合均匀。乳化缸工作示意图如图 4-18 所示。

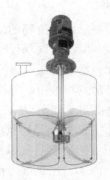

图 4-17　高剪切分散乳化机　　　　　　图 4-18　乳化缸工作示意图

　　乳化缸与普通配料缸的区别在于：普通配料缸的搅拌是无剪切乳化作用的普通搅拌器，而乳化缸装配的是高剪切分散乳化机。

　　高剪切分散乳化机能高效、快速、均匀地将一个相或多个相分布到另一个连续相中。由于转子高速旋转所产生的高切线速度和高频机械效应带来的强劲动能，使物料在定转子狭窄的间隙中受到强烈的机械及液力剪切、离心挤压、液层摩擦、撞击撕裂和湍流等综合作用，从而使不相溶的固相、液相、气相在相应成熟工艺和适量添加剂的共同作用下，瞬间均匀精细地分散乳化，经过高频的循环往复，最终得到稳定的高品质产品。高剪切分散乳化机剪切头及其工作示意图分别如图 4-19 和图 4-20 所示。

图 4-19　高剪切分散乳化机剪切头　　　　图 4-20　高剪切分散乳化机剪切头工作示意图

10. 定容

　　将所有的配料都溶解结束并混合均匀后，根据配方在配料缸中补充未加足的水。

　　定容的方法可以采用自动的计量装置，也可以采用人工的办法，将水加到在配料缸中预先做好的标记位置即可。

11. UHT 杀菌

　　将前面配好的浆料经 UHT 杀菌机进行第一次杀菌。目的是为防止浆料在贮缸中发生变质。UHT 杀菌的条件是 125～130℃、4s。杀菌时要注意 UTH 杀菌机杀菌温度升至 125℃时才能将浆料放出。生产过程也要注意温度不能升至 130℃以上，否则浆料容易变色。杀菌后杀菌机出口浆料的温度调整至 75～80℃。杀菌过程需进行监控并记录，记录表格见表 3-2。

12. 调香、添加色素

如果配方用到有香精、色素时，应在定容结束后进行添加。

（1）添加香精的办法

香精一般为液体香精，用来量取香精的容器在使用前应清洗干净；在取用香精时必须核对清楚所需要添加的香精的品种、型号、用量，避免出错；量取时要做到准确，因为香精的用量相对较少，少量的误差可能都会对成品的口味产生较大的影响。向配料缸中添加香精时，必须先开动配料缸，边加入边搅拌，加完香精后要继续开动配料缸的搅拌器 10min 以上，以确保香精均匀分散到料液中。每次用完的香精瓶子要及时清走，以避免产生误用现象。

（2）添加色素的办法

色素大部分都是粉状的固体，由于其添加量比较少，必须用天平来称取，取用时先核对所需要用到的色素品种以及用量，称取的操作必须准确。称好的色素先用温开水溶解，再向配料缸中添加。添加时，配料缸先开动搅拌器，边加入边搅拌，加完色素后要继续开动配料缸的搅拌器 10min 以上，以确保色素均匀分散到料液中。

由于用于饮料的香精大多数为水溶性香精，其对热不稳定，易于挥发，所以应尽量选择在配料的后面工序添加。色素也应避免在配料的前面工序中添加，因为大多数的色素对热不稳定。

每次使用香精、色素后应进行对应的登记，以确保不发生用错香精、色素的现象。记录表格见表 4-1。

13. 均质

均质是使浆料中的成分更加均匀分散，浆料更加稳定，使产品在贮藏过程中不发生分层或沉淀现象。

为保证均质的效果，均质时须将温度升高，这样均质的效果会较好，但温度过高时，均质机磨损会加快。均质的参数是温度 70～80℃、压力 20～25MPa。生产不同品种时，应选择具体的均质压力。

同时在生产过程中，为加强对生产质量的控制，应记录均质时的温度和压力。记录表格见表 4-2。

14. 过滤

过滤是在灌装之前的管道过滤器（如图 4-21 所示）中进行，过滤网为 50 目。过滤后的料液暂存于无菌缸中。

图 4-21　管道过滤器

15．洗瓶

洗瓶的目的是对瓶内进行清洗，洗掉内壁的粉尘或其他异物。

洗瓶一般采用自动洗瓶机进行洗瓶，用配料用的过滤水对瓶子反冲后滴干即可，不需要在洗瓶水中加入消毒剂。为保证洗瓶的质量，洗瓶水的压力不应低于 0.4MPa。

16．灌装

由于在灌装之后，还有灭菌工序，因此此工序无需进行无菌灌装，只需要普通的灌装方式即可。

PE 瓶的灌装设备与 PET 瓶的灌装设备不同。灌装根据设备不同有全自动灌装和半自动灌装。图 4-22 为全自动 PE 瓶直线灌装机。

灌装时要保证灌装温度在 70℃以上（灌装过程需对灌装温度进行监控并记录），因为过低的温度容易滋生细菌，使产品发生变质。

灌装时要注意产品的容量，不宜偏低和过高。另外灌装前还需对配好的浆料进行感官检测，主要看外观及口感是否正常。

图 4-22　全自动 PE 瓶直线灌装机

17．压盖

已经灌装完成的产品接着进行压盖，即用热封口机将铝箔盖压紧在瓶口。压好的盖要求光滑、平整，无漏浆现象。

在压盖前要调节好热封口机压盖板的温度，压盖过程也要经常检查压盖板温度和压盖后的封口，以防止压盖温度偏低时造成虚压而漏浆，或者温度偏高造成封口发皱和穿孔漏浆。压盖后效果如图 4-23 所示。

图 4-23　压盖后效果图

18．高压灭菌

压盖封完口后的产品装入高压灭菌釜进行第二次杀菌，彻底杀灭产品中的微生物。高压灭菌的条件：125℃，45min。

此步骤为关键控制点，目的是消除微生物对产品的危害，要进行严格的监控并且记录，监管频率 5min。记录表格见表 3-2。

高压杀菌釜最好采用旋转式卧式杀菌釜，这样产品在加热过程中受热比较均匀，杀菌比较彻底。

高压杀菌釜由锅体、锅盖、开启装置、锁紧楔块、安全联锁装置、轨道、杀菌篮、蒸汽喷管及若干管口等组成。锅盖密封采用充气式硅橡胶耐温密封圈，密封可靠，使用寿命长。高压杀菌釜以有一定压力的蒸气为热源，具有受热面积大、热效率高、加热均匀、液料沸腾时间短、加热温度容易控制等特点。

高压杀菌釜从控制方式上分为4种：手动控制型、电气半自动控制型、电脑半自动控制型、电脑全自动控制型。

高压杀菌釜按其是否能回转产品分为静止式和回转式。静止式是指杀菌篮中的罐或瓶在杀菌过程中始终处于静止状态；回转式是指杀菌篮中的罐或瓶在杀菌过程中处于不断回转状态。静止式杀菌釜多用于生产肉类和蔬菜罐头为主的大中型罐头厂。自动回转式杀菌釜特别适用于包装物中固体比重比液体比重大，及各种浓度不同的黏性罐装食品，使其在杀菌过程中进行旋转，达到在保质期内，不分层、不沉淀的目的，如八宝粥、豆奶、花生牛奶、易拉罐等。

热水回转式杀菌釜是适用于对瓶装、罐装食品的二次灭菌设备。采用高温高压的热水做多种食品的高温快速杀菌处理，食品在装置内连续缓慢回转，使其传递更迅速均匀，大大缩短整个杀菌过程的时间，从而达到高温短时杀菌处理。同时，可避免食品周围产生过热现象。温度控制系统可灵活地根据不同包装物的特点进行自动控制，压力控制系统配合标准模式自动调整压力，根据不同情况，进行反压较正，这对防止容器的变形和破损，提高成品率十分有利。

热水回转式杀菌釜不但可以用于各种饮料、食品的杀菌处理，而且它还适用于高黏稠度和大容量的制品，如八宝粥、肉酱、肉罐头、鱼罐头、米饭等产品。热水回转式杀菌釜及锅体剖面图如图4-24所示。

图4-24　热水回转式杀菌釜及锅体剖面图

19.冷却

高压灭菌后往杀菌釜里通入冷却循环水，将产品冷却至50℃左右。当冷却完成，高压杀菌釜内的压力降至零后，即可以出炉。

20.出炉分拣

出炉后对产品进行分拣和挑选，目的是将压盖后封口不严的漏浆产品以及杀菌后外观变形的产品挑出，防止不合格产品进入下一步。

21.贴标

分拣完成后，将产品的标签贴在瓶子上。

贴标可以通过手工或者自动贴标机进行。如果采用手工贴标需注意标签的定位，防止套在产品上面的标签位置零乱，影响产品美观，手工贴标只适合产量较小的情况。当产量较大时，宜选择自动贴标机。全自动贴标机如图4-25所示。

图 4-25　全自动贴标机

22. 上盖

产品虽然前面有工序压盖，但压上去的是铝箔盖，瓶口的位置还没有瓶盖，必须给产品加上瓶盖，既可以保护铝箔盖不被划破，产品也更加美观。上盖后的效果如图 4-26 所示。

23. 喷码

在产品的瓶盖或瓶身喷上生产日期和批号。要求喷码清晰、字体工整一致。

图 4-26　上盖后效果图

24. 装箱

可以采用人工装箱的方式，也可以采用全自动装箱机装箱。

人工装箱方式较灵活，可以适用于各种规格的装箱，但劳动强度大，人工耗用较高，装箱效率相对较低。

全自动装箱机（与自动开箱机和自动封箱机联合使用）的装箱效率非常高，大大减少了人工的耗用以及降低了劳动强度，但其装箱规格较单一，不能适用于灵活多变的装箱规格，因此其适用于单一品种产量较大的情况。

25. 检验

检验是对生产完成的成品进行抽检，按照产品的卫生标准完成出厂前的各项指标检验，检验合格的办理成品入库手续，准予出厂。

26. 入库

对检验合格的产品，办理入库手续，并按照成品的贮存要求进行贮存，以确保产品的质量。

 **任务实施**

一、领取学习任务

生产任务单						
产 品 名 称	产 品 规 格	生 产 车 间	单　位	数　量	开 工 时 间	完 工 时 间
植物蛋白饮料	500mL	植物蛋白饮料生产车间	箱	100		

二、填写任务分工表

序 号	操 作 内 容		主要操作者	协 助 者
1		工具领用		
2		材料领用		
3		检查及清洗设备、工具		
4		筛选		
5		粗磨		
6	植物蛋白饮料的生产	过滤		
7		混合		
8		均质		
9		灌装		
10		杀菌		
11		包装		
12		生产场地、工具的清洁		
13				
14	产品检验			
15				
16				

(表头：任务分工表)

三、填写任务准备单

序 号	设 备 名 称	规 格	使 用 数 量
1	夹层锅	台	
2	高速搅拌缸	台	
3	配料缸	台	
4	饮料泵	台	
5	豆浆粗磨机	台	
6	磨浆及浆渣分离机	台	
7	乳化缸	台	
8	高压均质机	台	
9	UHT 杀菌机	台	
10	无菌缸	台	
11	管道过滤器	台	
12	回转式高压杀菌釜	台	
13	直线型全自动灌装机	台	
14	热封口机	台	
15	压盖机	台	
16	喷码机	台	
17	套标机	台	

(表头：车间设备单)

原辅料领料单						
领料部门			发料仓库			
生产任务单号			领料人签名			
领料日期			发料人签名			
序　号	物料名称	品牌规格	单价/元	发料数量	小计/元	合计/元
1	白砂糖					
2	大豆					
3	奶粉					
4	乳化剂					
5	增稠剂					
6	食用香精					
7	PE 瓶					
8	普通饮料瓶盖					

四、产品检验标准

根据 GB 16322—2003《植物蛋白饮料卫生标准》，所有出厂的植物饮料的质量要达到以下几项指标：

1. 感官指标

具有该产品应有的色泽、香气、滋味，不得有异味、异臭以及肉眼可见杂质。可允许有少量脂肪上浮及蛋白质沉淀。

2. 理化指标

项　　目		指　　标
总砷（以 As 计）/（mg/L）	≤	0.2
铅（Pb）/（mg/L）	≤	0.3
铜（Cu）/（mg/L）	≤	5.0
蛋白质/（g/100mL）	≤	0.5
氰化物 [a]（以 HCN 计）（mg/L）	≤	0.05
脲酶试验 [b]		阴性

a 仅限于以杏仁等为原料的饮料

b 仅限于以大豆为原料的饮料

3. 微生物指标

（1）以罐头加工工艺生产的罐装植物蛋白饮料应符合商业无菌的要求。

（2）其他包装的植物蛋白饮料应符合下表规定。

项　　目		指　　标
菌落总数/（CFU/mL）	≤	100
大肠菌群/（MPN/100mL）	≤	3
霉菌和酵母/（CFU/mL）	≤	20
致病菌（沙门氏菌、志贺氏菌、金黄色葡萄球菌）		不得检出

五、产品质量检验

1. 产品质量检验流程

产品抽样 → 样品处理 → 产品指标检测 → 结果汇总 → 出具检验报告单

2. 检验报告

产品检验报告单			
			报告单号：
产品名称		产品生产单位	
型号规格		生产日期	
委托检验部门		收样时间	
委托人		收样地点	
委托人联系方式		样品数量	
收样人		封样数量	
样品状态		封样贮存地点	
封样人员		检测日期	
检验依据			
检验项目	感官指标、蛋白质、铅、铜、总砷、脲酶试验、氰化物、菌落总数、大肠菌群、霉菌和酵母、致病菌		
检验各项目	合 格 指 标	实 测 数 据	是 否 合 格
检验结论			

编制：　　　　　　　　审核：　　　　　　　　批准：

 任务评价

实训程序	工作内容	技 能 标 准	相 关 知 识	单项分值	满 分 值
	清洁卫生	能发现并解决卫生问题	操作场所卫生要求	5	
准备工作	准备并检查设备和工具	1. 准备本次实训所需所有仪器和容器 2. 仪器和容器的清洗和控干 3. 检查设备运行是否正常	1. 清洗方法 2. 不同设备的点检	5	10

（续）

实训程序	工作内容	技能标准	相关知识	单项分值	满分值
备料	准备各种原辅料	按照各种标准备原辅料	各种原辅料的质量标准	5	5
筛选	将黄豆进行挑选、浸泡及磨浆	会挑选及浸泡黄豆和磨浆操作	1. 黄豆的标准 2. 磨浆机的操作规程	5	5
混合	白砂糖、奶粉及小料溶解后与豆浆混配	会进行砂糖、奶粉和小料的溶解以及乳化缸的使用	原料的溶解以及乳化缸的操作规程	5	5
均质	均质	会熟练操作均质机并明白均质的指标	均质机的操作规程	5	5
第一次杀菌	UHT 杀菌	明白 UHT 设备的操作以及条件	UHT 操作规程	10	10
灌装、压盖	灌装、压盖	能使用直线型全自动灌装机和热封口机	直线型全自动灌装机和热封口机的操作规程	10	10
第二次杀菌	用回转式高压杀菌釜杀菌	能安全操作回转式高压杀菌釜	回转式高压杀菌釜的操作规程	10	10
包装	对成品喷印生产日期、套标签、装箱入库	能熟练使用喷码机、套标机，能按要求的规格进行装箱	喷码机和套标机操作规程	5	5
检验	检验	对成品按照标准进行感官、理化和微生物检验，并出具检验报告单	产品的卫生标准	10	10
实训报告	实训内容	实训完毕能够写出实训具体的工艺操作流程		10	25
	注意事项	能够对操作中的主要问题进行分析比较		5	
	结果讨论	能够对实训产品做客观的分析、评价、探讨		10	

考核内容	满分值	水平/分值		
		及　格	中　等	优　秀
清洁卫生				
准备并检查设备和工具				
备料				
筛选				
混合				
均质				
第一次杀菌				
灌装、压盖				
第二次杀菌				
包装				
检验				
实训内容				
注意事项				
结果讨论				

任务 5 >>>

果蔬汁饮料的加工

果蔬汁饮料近年在我国发展比较迅猛，这与水果所含营养成分丰富密切相关。由于水果的营养成分中，几乎不含脂肪，但含有大量的膳食纤维、维生素 C 以及具有生理活性的花黄素、花青素、类胡萝卜素等，非常符合现代人的健康饮食观点。人们饮用由果蔬汁加工而成的果蔬汁饮料时，除了能补充水分外，还能补充一定的维生素 C、膳食纤维等营养素，因此深受人们的喜爱。目前，国内市场主要是以果汁含量 10% 的果汁饮料销售为主，其中橙汁饮料、水蜜桃汁饮料、葡萄汁饮料等最受人们的欢迎。

>>> 任务 5-1　果蔬汁的加工

根据 GB 10789—2007《饮料通则》，果汁和蔬菜汁类是指用水果和（或）蔬菜（包括可食的根、茎、叶、花、果实）等为原料，经加工或发酵制成的饮料。果汁和蔬菜汁类分为果汁（浆）和蔬菜汁（浆）、浓缩果汁（浆）和浓缩蔬菜汁（浆）、果汁饮料和蔬菜汁饮料、果汁饮料浓浆和蔬菜汁饮料浓浆、复合果蔬汁（浆）及饮料、果肉饮料、发酵型果蔬汁饮料、水果饮料、其他果蔬汁饮料。

（1）果汁（浆）和蔬菜汁（浆）是指采用物理方法，将水果或蔬菜加工制成可发酵但未发酵的汁（浆）液；或在浓缩果汁（浆）或浓缩蔬菜汁（浆）中加入果汁（浆）或蔬菜汁（浆）浓缩时失去的等量的水，复原而成的制品。可使用食糖、酸味剂或食盐，调整果汁、蔬菜汁的风味，但不得同时使用食糖和酸味剂调整果汁的风味。

（2）浓缩果汁（浆）和浓缩蔬菜汁（浆）是指采用物理方法从果汁（浆）或蔬菜汁（浆）中除去一定比例的水分，加水复原后具有果汁（浆）或蔬菜汁（浆）应有特征的制品。其要求是：可溶性固形物的含量和原汁（浆）的可溶性固形物含量之比≥2。

（3）果汁饮料和蔬菜汁饮料又可分为果汁饮料和蔬菜汁饮料。

1）果汁饮料是指在果汁（浆）或浓缩果汁（浆）中加入水、食糖和（或）甜味剂、酸味剂等调制成的饮料，可加入柑橘类的囊胞（或其他水果经切细的果肉）等颗粒。其要求是：果汁（浆）含量（质量分数）≥10%。

2）蔬菜汁饮料是指在蔬菜汁（浆）或浓缩蔬菜汁（浆）中加入水、食糖和（或）甜味剂、酸味剂等调制成的饮料。其要求是：蔬菜汁（浆）含量（质量分数）≥5%。

（4）果汁饮料浓浆和蔬菜汁饮料浓浆是指在果汁（浆）和蔬菜汁（浆）或浓缩果汁（浆）和浓缩蔬菜汁（浆）中加入水、食糖和（或）甜味剂、酸味剂等调制而成，稀释后方可饮用的饮料。其要求是：按标签标示的稀释倍数稀释后，其果汁（浆）和蔬菜汁（浆）含量不低于国家标准对果汁饮料和蔬菜汁饮料的规定。

（5）复合果蔬汁（浆）是指含有 2 种或 2 种以上的果汁（浆）、蔬菜汁（浆）或果汁（浆）和蔬菜汁（浆）的制品。含有 2 种或 2 种以上果汁（浆）、蔬菜汁（浆）或其混合物并加入水、食糖和（或）甜味剂、酸味剂等调制而成的饮料为复合果蔬汁饮料。其要求：

1）复合果蔬汁（浆）应符合调兑时使用的单果汁（浆）和蔬菜汁（浆）的指标要求。

2）复合果汁饮料中果汁（浆）总含量（质量分数）≥10%。

3）复合蔬菜汁饮料中蔬菜汁（浆）总含量（质量分数）≥5%。

4）复合果蔬汁饮料中果汁（浆）、蔬菜汁（浆）总含量（质量分数）≥10%。

（6）果肉饮料是指在果浆或浓缩果浆中加入水、食糖和（或）甜味剂、酸味剂等调制而成的饮料。含有 2 种或 2 种以上果浆的果肉饮料称为复合果肉饮料。其要求是：果浆含量（质量分数）≥20%。

（7）发酵型果蔬汁饮料是指水果、蔬菜或果汁（浆）、蔬菜汁（浆）经发酵后制成的汁液中加入水、食糖和（或）甜味剂、食盐等调制而成的饮料。

（8）水果饮料是指在果汁（浆）或浓缩果汁（浆）中加入水、食糖和（或）甜味剂、酸味剂等调制而成，但果汁含量较低的饮料。其要求是：果汁含量在 5%～10%之间。

（9）其他果蔬汁饮料是指上述 8 类以外的果汁和蔬菜汁类饮料。

 **任务目标**

（1）知道果蔬汁加工的工艺流程和关键控制环节。

（2）在教师的指导下，能根据生产任务单制订工作计划，填写人员分工表和领料单，会操作所使用的加工设备。

（3）能处理果蔬汁生产过程中浑浊、变色等常见问题。

生产流程

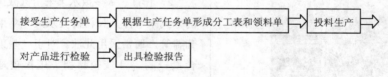

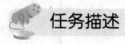 **任务描述**

根据生产任务计划单，组长制订果蔬汁生产及检验的详细工作安排（包括人员分工、设备点检、原辅材料的领用、仓库分配），严格按生产工艺规范进行生产，生产过程中严格控制关键控制点，并做好生产过程的记录，及时判断问题、排除故障，最后对产品进行检验，出具检验报告。

知识准备

一、果蔬汁的生产

1. 实验设备和材料

（1）主要设备：果蔬清洗机、果蔬榨汁（打浆）机、灭酶机、调配缸、双联过滤器、真空脱气机、硅藻土过滤机、UHT 杀菌机、无菌热灌装机等。

（2）主要材料：新鲜果蔬、白砂糖、柠檬酸。

2. 工艺流程

果蔬汁工艺流程中的关键步骤是榨汁（打浆）、杀菌和灌装。大部分果蔬汁生产企业的工艺流程相似，个别步骤有所不同。

1. 原料的选择和清洗：果蔬原料应选择新鲜、成熟度适宜、品质较佳的品种。果蔬的清洗采用向清洗池鼓风的方法，让果蔬翻滚时互相摩擦达到洗净外表的泥土和污物等的目的。为达到更佳的清洗效果，清洗用的水可选择增加臭氧，以在清洗的同时杀死果蔬表面的微生物。

2. 榨汁：大多数水果采用机械挤压的方式来取汁，如柑橘类水果、苹果、葡萄等，通常采用此法。对于一些果胶含量较高、汁液较黏稠、压榨较难取汁的果蔬也均可使用此法，如草莓、芒果、桃等水果。榨汁后，去除果蔬的渣和一些较大颗粒或悬浮粒。

3．澄清：生产澄清型果蔬汁时，需要除去果蔬汁中的纤维素、半纤维素及其他可能影响果蔬汁稳定的胶质。一般常用酶法澄清，即利用果胶酶、淀粉酶等来分解果蔬汁中的果胶类物质和淀粉等，从而使果蔬汁达到澄清的目的。

4．过滤：澄清后，需将悬浮物和沉淀下来的物质分离除去，这样才能使果蔬汁澄清透明。

过滤杂质较多时，往往采用硅藻土过滤器进行过滤，过滤后可得到较为澄清的果蔬汁。

5．均质：对果蔬汁均质的目的是使浑浊型果汁中的密度不相同、颗粒大小不一的果蔬汁进行进一步的破碎，以使之均匀，并增加果蔬汁与果胶的亲和力，使果蔬汁保持均匀稳定，以免发生沉淀。

均质一般采用均质效果较好的高压均质机，在20～25MPa压力条件下进行均质效果较佳。

6．脱气：脱气是为了除去果蔬汁中的氧气和二氧化碳等气体，减少或避免果蔬汁的氧化，减少果蔬汁色泽、风味的破坏及营养成分的损失；除去附着在果蔬汁中悬浮微粒上的气体，避免微粒上浮，以保持良好的浑浊外观；防止灌装和杀菌时产生泡沫；防止马口铁罐的氧化腐蚀；保证杀菌的效果，保持果蔬汁有良好的感官。

7．调配：调配的目的是使每一批次的产品在口感、色泽、风味上保持一致，并符合消费者的感官需求。调配以调整酸甜比为主，调整后，让每批次产品的感官指标基本相同。

8．杀菌：杀菌过程能杀死果蔬汁中的微生物以及使酶发生钝化，从而达到延长产品保质期的目的。

现代工厂基本采用超高温瞬时杀菌，杀菌条件：130～135℃，4～6s。

9．灌装：灌装主要有无菌冷灌装和无菌热灌装2种方式。

无菌冷灌装能较好地保留果蔬汁的营养成分，但对灌装间的卫生控制要求较为苛刻。无菌热灌装能较好地控制卫生质量，但对果蔬汁的营养成分有一定影响。

二、生产工艺及设备

1．果蔬原料选择

选择优质的制汁原料，是果蔬汁生产的重要环节。对制果蔬汁原料的质量要求如下：

（1）果蔬品种

供制果蔬汁的品种应香味浓郁、汁液较多、色泽稳定、酸度适中，并在加工和贮存过程中仍然保持这些优良品质，无明显不良变化。

（2）果蔬成熟度

果蔬的成熟度对于果蔬的糖酸比、可溶性固形物含量、果蔬汁的品质影响较大，一般以九成熟为最佳。

（3）果蔬的新鲜度

原料新鲜，无烂果。如果采摘时间太长，果蔬水分蒸发较多，酸度下降，糖度升高，也会造成维生素 C 等营养成分损失，同时果蔬也容易腐败变质。

为提高果蔬汁品质及出汁率，应采用和培育专门适宜加工果蔬汁的品种。

2. 果蔬清洗

将果蔬倒入清洗池，向清洗池鼓风，果蔬会在气泡和水的结合作用下翻滚，果蔬翻滚时互相摩擦从而达到洗净外表的泥土和污物等的目的，随后在输送网带的作用下提升至下一加工工序。为达到更佳的清洗效果，清洗用的水可选择增加臭氧，以达到在清洗的同时杀死果蔬表面的微生物的目的。果蔬清洗机如图 5-1 所示。

图 5-1　果蔬清洗机

3. 果蔬原料预处理

预处理是为下一步的榨汁提高品质和出汁率做准备。通常是将原料进行去梗、去核、去籽、去皮等，并根据果蔬品种的不同，必要时进行破碎和加热处理，以提高出汁率和减少果蔬汁色泽发生变化。

4. 果蔬榨汁（打浆）

榨汁是指利用机械设备挤压果蔬，将果蔬汁从果蔬中挤出来的。大多数水果采用机械挤压的方式来取汁，如柑橘类水果、苹果、葡萄等通常采用此法。

打浆主要应用于一些果胶含量较高、汁液较黏稠、压榨较难取汁的果蔬，如草莓、芒果、桃等水果。

现在用来取汁的机械很多都是榨汁/打浆一体机（如图5-2 所示），在使用时只需要根据生产线是加工何种果蔬而选择榨汁或打浆即可。

图 5-2　果蔬榨汁/打浆一体机

5. 澄清、过滤

（1）澄清

生产澄清果蔬汁必须要经过澄清和过滤。新鲜榨出的汁中含有较多的悬浮物，包括发育不完全的种子、果心、果皮和维管束等颗粒、色粒，这些物质中除了色粒外，其他主要成分是纤维素、半纤维素、糖苷、苦味物质和酶等，如果不除去这些物质，就会影响果蔬汁的品质和稳定性。刚榨出的果蔬汁中除悬浮物外，还含有容易产生沉淀的胶粒，果蔬汁中的亲水胶体主要由胶态颗粒组成，含有果胶质、树胶质和蛋白质，如果不除去这些胶态颗粒，在后加工工序中非常容易造成沉淀，从而影响澄清型果蔬汁的品质。

常用的果汁澄清法有自然澄清法、明胶单宁澄清法、加酶澄清法、冷冻澄清法、加热凝聚澄清法等。

（2）过滤

采用硅藻土过滤器进行过滤，过滤后可得到较为澄清的果蔬汁。

6. 均质

生产浑浊型果蔬汁时，由于没有进行澄清操作，悬浮粒子粒径过大，容易造成沉淀。果蔬汁均质的目的是使不同粒子的悬浮液均质化，使果蔬汁保持一定的浑浊度，获得不易分离和沉淀的果蔬汁。果蔬汁通过均质设备均质，使果蔬汁中的悬浮粒子进一步破碎，使粒子大小均一，促进果胶的渗出，使果胶和果蔬汁亲和，均匀并且稳定地分散于果蔬汁中，保持果蔬汁的均匀浑浊度。

均质常采用高压均质机，均质的压力要求为20~25MPa，如果果蔬汁适当升温后再均质，效果更好。

7. 脱气

常用的脱气方法有真空脱气法、氮气交换法、酶法脱气等。

这里介绍一下真空脱气罐的工作原理。真空脱气罐由桶体、顶盖单向阀、喷管、控制阀、照明灯、视孔等组成，使用时只要开启配套的真空泵，抽掉罐内空气，同时物料从进料口自吸进入罐内，当物料升至一定位置时，控制阀自动控制物料，此时可以从视镜中观察并控制进料速度，当罐内真空度达到工艺要求时，可从物料出口抽出物料，只要保持真空度及进出料的平衡，便可连续生产。真空脱气罐如图5-3所示。

图5-3 真空脱气罐

8. 调配

由于每一批次的果蔬原料品质、成熟度等总会或多或少存在差异，因此榨出来的果蔬原汁也会或多或少存在差异，为保证生产出来的果蔬汁品质一致，我们需要对果蔬汁进行标准化。

9. 杀菌

果蔬汁目前以超高温瞬时杀菌为主。该法前面已介绍过，本章节不再详述。

10. 灌装

果蔬汁一般多采用无菌热灌装的方式进行灌装。PET瓶装果蔬汁多采用"三合一"热灌装机进行灌装。该法前面已介绍过，本章节不再详述。

 任务实施

一、领取学习任务

生产任务单						
产品名称	产品规格	生产车间	单位	数量	开工时间	完工时间
橙汁	450mL	橙汁生产车间	箱	100		

二、填写任务分工表

任务分工表				
序　号		操 作 内 容	主要操作者	协 助 者
1		工具领用		
2		材料领用		
3		检查及清洗设备、工具		
4		原材料准备		
5		设备准备		
6		选择与清洗		
7		预处理		
8	橙汁的生产	榨汁		
9		澄清		
10		过滤		
11		均质		
12		脱气		
13		调配		
14		杀菌		
15		灌装		
16		生产场地、工具的清洁		
17				
18	产品检验			
19				
20				

三、填写任务准备单

车间设备单			
序　号	设 备 名 称	规　格	使 用 数 量
1	果蔬清洗机	台	
2	果蔬榨汁（打浆）机	台	
3	调配缸	台	
4	硅藻土过滤机	台	
5	高压均质机	台	
6	真空脱气机	台	
7	UHT杀菌机	台	
8	无菌热灌装机	台	
9	双联过滤器	台	
10	灭酶机	台	

原辅料领料单						
领料部门			发料仓库			
生产任务单号			领料人签名			
领料日期			发料人签名			
序　　号	物 料 名 称	品 牌 规 格	单价/元	发 料 数 量	小计/元	合计/元
1	新鲜果蔬					
2	白砂糖					
3	柠檬酸					

四、产品检验标准

根据 GB 19297—2003《果、蔬汁饮料卫生标准》，所有出厂的果蔬汁的质量要达到以下几项指标：

1. 感官指标

具有所含原料水果、蔬菜应具有的色泽、香气和滋味，无异味，无肉眼可见的外来杂质。

2. 理化指标

项　　　　目		指　　　　标
总砷（以 As 计）/（mg/L）	≤	0.2
铅（Pb）/（mg/L）	≤	0.05
铜（Cu）/（mg/L）	≤	5
锌（Zn）[a]/（mg/L）	≤	5
铁（Fe）[a]/（mg/L）	≤	15
锡（Sn）[a]/（mg/L）	≤	200
锌、铜、铁总和[a]/（mg/L）	≤	20
二氧化硫残留量（SO_2）/（mg/kg）	≤	10
展青霉素[b]/（μg/L）	≤	50

a 仅适用于金属罐装
b 仅适用于苹果汁、山楂汁

3. 微生物指标

以罐头加工工艺生产的罐装果蔬汁饮料应符合商业无菌的要求。其他包装的果蔬汁饮料微生物指标应符合下表的规定。

项　　　　目		指　　　标	
		低温复原果汁	其他
菌落总数/（CFU/mL）	≤	500	100
大肠菌群/（MPN/100mL）	≤	30	3
霉菌/（CFU/mL）	≤	20	20
酵母/（CFU/mL）	≤	20	20
致病菌（沙门氏菌、志贺氏菌、金黄色葡萄球菌）		不得检出	

五、产品质量检验

1. 产品质量检验流程

产品抽样 → 样品处理 → 产品指标检测 → 结果汇总 → 出具检验报告单

2. 检验报告

产品检验报告单			
			报告单号：
产品名称		产品生产单位	
型号规格		生产日期	
委托检验部门		收样时间	
委托人		收样地点	
委托人联系方式		样品数量	
收样人		封样数量	
样品状态		封样贮存地点	
封样人员		检测日期	
检验依据			
检验项目	感官指标、菌落总数、大肠菌群、霉菌、酵母、致病菌		
检验各项目	合 格 指 标	实 测 数 据	是 否 合 格
检验结论			

编制：　　　　　　　　　　审核：

 任务评价

实训程序	工作内容	技 能 标 准	相 关 知 识	单项分值	满 分 值
准备工作	清洁卫生	能发现并解决卫生问题	操作场所卫生要求	5	10
	准备并检查设备和工具	1. 准备本次实训所需所有仪器和容器 2. 将仪器和容器清洗和控干 3. 检查设备运行是否正常	1. 清洗方法 2. 不同设备的点检	5	
原料准备	原料的选择	能按照产品类型选择果蔬	果蔬的质量标准	10	10
果蔬处理	果蔬清洗	能对果蔬进行洗净	果蔬清洗机注意事项	5	35
	果蔬榨汁/打浆	能操作果蔬榨汁/打浆机	果蔬榨汁/打浆机的注意事项	10	
	澄清、过滤、均质、脱气	会操作相应的澄清、过滤、均质、脱气设备	澄清、过滤、均质、脱气设备的注意事项	10	
	调配	会根据果蔬汁的指标进行调配	配料缸的操作注意事项	10	
杀菌	UHT 杀菌	会超高温瞬时杀菌的方法	正确使用 UHT 杀菌条件	10	10
灌装	灌装	会使用无菌热灌装机	使用无菌热灌装机的注意事项	10	10
实训报告	实训内容	实训完毕能够写出具体的工艺操作流程		10	25
	注意事项	能够对操作中主要问题进行分析比较		5	
	结果讨论	能够对实训产品做客观的分析、评价、探讨		10	

考核内容	满 分 值	水平/分值		
		及　　格	中　　等	优　　秀
清洁卫生				
准备并检查设备和工具				
原料的选择				
果蔬清洗				
果蔬榨汁/打浆				
澄清				
过滤				
均质				
脱气				
调配				
UHT 杀菌				
灌装				
实训内容				
注意事项				
结果讨论				

>>> 任务 5-2　　果汁饮料的加工

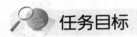 **任务目标**

（1）知道果汁饮料加工的工艺流程和关键控制环节。

（2）在教师的指导下，能根据生产任务单制订工作计划，填写人员分工表和领料单，会操作所使用到的加工设备。

（3）能处理果汁饮料生产过程中变色、悬浮稳定性、浑浊与沉淀等常见问题。

 **生产流程**

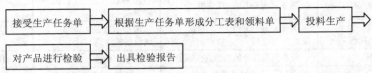

接受生产任务单 → 根据生产任务单形成分工表和领料单 → 投料生产 →

对产品进行检验 → 出具检验报告

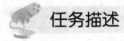 **任务描述**

根据生产任务计划单，组长制订果汁饮料生产及检验的详细工作安排（包括人员分工、设备点检、原辅材料的领用、仓库分配），严格按生产工艺规范进行生产，生产过程中严格控制关键控制点，并做好生产过程的记录，及时判断问题、排除故障，最后对产品进行检验，出具检验报告。

知识准备

一、果汁饮料的生产

1. 实验设备和材料

主要设备：果汁稀释缸、调配缸、硅藻土过滤机、管道过滤器、高压均质机、UHT 杀菌机、溶糖缸、三合一热灌装机、倒瓶机、灯检机、冷却隧道等。

主要材料：浓缩果汁、白砂糖、柠檬酸、增稠剂、食用果味香精。

2. 工艺流程

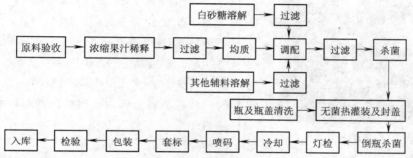

果汁饮料工艺流程中的关键步骤是：UHT 杀菌、无菌热灌装及封盖、倒瓶杀菌和灯检。大部分果汁饮料产品的生产工艺流程相似，个别步骤有所不同。

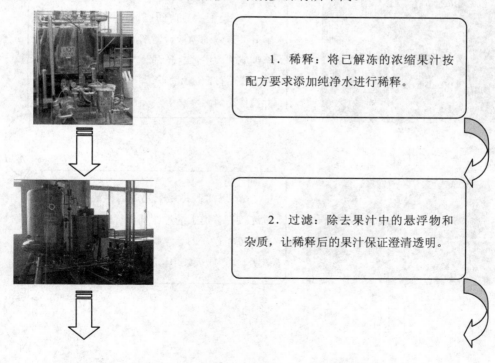

1. 稀释：将已解冻的浓缩果汁按配方要求添加纯净水进行稀释。

2. 过滤：除去果汁中的悬浮物和杂质，让稀释后的果汁保证澄清透明。

3．均质：对稀释后的果汁进行均质，使果汁均匀、稳定。均质压力要求：20～25MPa。

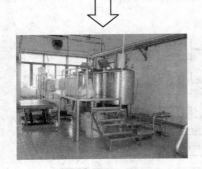

4．溶糖及过滤：在溶糖缸中进行。开动搅拌器，加入适量的水，按配方的量加入白砂糖。溶糖有热溶和冷溶2种方式，可根据生产工艺的需要选择其中一种。

糖液过滤一般采用硅藻土过滤。

其他辅料溶解和过滤与白砂糖基本一致。

5．调配：将前面已稀释好的果汁、溶解好并过滤的糖液、溶解好并过滤的辅料泵至调配缸，使之混合均匀，并定容。

最后按配方量加入香精和（或）色素，并搅拌均匀。

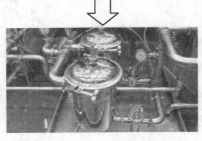

6．过滤：将调配完成的料液再一次通过连接在管道上的过滤桶进行过滤，以彻底去除可能存在的悬浮物、杂质，确保产品的透明、均匀一致、无沉淀。

7．杀菌：将过滤后的料液通过UHT杀菌机，对料液进行杀菌。

杀菌条件：130～135℃，4～6s。

杀菌时，要确保供给杀菌机的蒸汽压力不少于0.8 MPa。

8．清洗：瓶子通过洗瓶机，充分洗净瓶子内可能存在的灰尘、污物等。

为保证清洗效果，要求清洗的纯净水压力不小于0.4MPa。

瓶清洗往往与灌装、封盖组成"三合一"灌装机。

9．灌装及封盖：灌装主要有无菌冷灌装和无菌热灌装2种方式。

果汁饮料灌装为保证质量往往采用无菌热灌装，要求：灌装时的温度不低于90℃，灌装后瓶内温度不低于85℃。

灌装后要马上封盖。封盖时要调整封盖头合适的扭矩，确保封口严密。

洗瓶、灌装和封盖采用"三合一"热灌装机。

10．倒瓶：将热灌装完成后的产品马上通过倒瓶机，使瓶子倒放，让灌装后料液的余温对瓶子以及瓶盖进行杀菌，以确保产品的质量。

11．灯检：让产品通过灯检机，检验瓶子是否有污物、杂质，瓶子封口是否完整等，确保合格的产品进入下一步。

12．冷却：让产品通过冷却遂道，使产品的温度迅速降到（38±2）℃。

二、生产工艺及设备

1．浓缩果汁的稀释

将已解冻的浓缩果汁按配方要求添加纯净水进行稀释。

浓缩果汁是在水果榨成原汁后再采用低温真空浓缩或其他方法进行浓缩，蒸发掉一部分水分做成的，浓缩后其可溶性固形物含量与原汁相比必须要大于 2 倍。如果配制100%果汁时须在浓缩果汁原料中加入与果汁在浓缩过程中失去的天然水分等量的水。

2．过滤、均质

（1）过滤

当生产澄清型果汁饮料时，必须对稀释后的果汁进行过滤，过滤后即可得到澄清透明的果汁。过滤方式一般采用硅藻土过滤。

如果是生产浑浊型果汁饮料，则果汁稀释后不需进行过滤。

（2）均质

对过滤后的果汁进行均质，可以使果汁稳定，不易产生沉淀现象。均质的压力一般采用 20～25MPa。

3．白砂糖及其他辅料的溶解、过滤

（1）白砂糖的溶解及过滤

白砂糖的溶解及过滤方法参照"任务 4-3 植物蛋白饮料的加工"中砂糖溶解和过滤步骤。

（2）其他辅料的溶解及过滤

果汁饮料中的辅料一般有柠檬酸及柠檬酸钠、维生素 C 等，这些辅料基本为晶体或粉状的固体，在使用前必须用少量的纯净水溶解，然后再过滤。

4．调配

将前面溶解的糖液、辅料以及稀释好的果汁泵入配料缸中，搅拌均匀，然后根据配方加

入足量的纯净水进行定容。最后按配方量加入香精和（或）色素，并搅拌均匀。

5．过滤

将调配完成的料液再通过过滤桶进行过滤，过滤桶及其组成部分如图 5-4 所示。

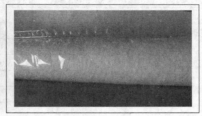

图 5-4　过滤桶、桶内滤网、滤袋和滤芯

6．杀菌

采用超高温瞬时杀菌。该法前面已介绍过，本章节不再详述。

7．洗瓶、灌装和封盖

灌装设备采用三合一（即将洗瓶、灌装和封盖三种功能合在一起）热灌装机进行灌装。

灌装时料液的温度不低于 90℃，料液灌装完成后，瓶内料液的温度不低于 85℃。

8．倒瓶

灌装完成的饮料通过倒瓶机，瓶子平躺在倒瓶机上，让灌装在瓶子里面的料液的余温对瓶盖进行杀菌。

倒瓶杀菌时间要求不少于 40s。

9．灯检

倒瓶杀菌结束后，产品通过灯检机，挑选出有污物、杂质、瓶子封口不完整的不良产品。

10．冷却

让产品通过冷却隧道，使产品的温度迅速降到（38±2）℃。成品冷却隧道如图 5-5 所示。

图 5-5　成品冷却隧道

冷却隧道工作要求：第一段冷却温度为（75±2）℃，末段冷却温度为（30±2）℃，冷却后产品最终温度为（38±2）℃。为保证冷却水的卫生质量，冷却水余氯浓度：1～4ppm。

11．包装工序

包装工序包括喷码、套标、装箱、堆栈等。

 **任务实施**

一、领取学习任务

生产任务单						
产品名称	产品规格	生产车间	单 位	数 量	开工时间	完工时间
果汁饮料	500mL	果汁饮料生产车间	箱	100		

二、填写任务分工表

任务分工表				
序　号	操作内容		主要操作者	协助者
1	果汁饮料的生产	工具领用		
2		材料领用		
3		检查及清洗设备、工具		
4		原材料准备		
5		设备准备		
6		稀释		
7		过滤		
8		均质		
9		溶糖		
10		调配		
11		过滤		
12		杀菌		
13		灌装		
14		倒瓶		
15		冷却		
16		生产场地、工具的清洁		
17	产品检验			
18				
19				
20				

三、填写任务准备单

车间设备单			
序　号	设备名称	规　格	使用数量
1	果汁稀释缸	台	
2	硅藻土过滤机	台	
3	调配缸	台	
4	管道过滤器	台	
5	溶糖缸	台	
6	高压均质机	台	
7	UHT 杀菌机	台	
8	三合一热灌装机	台	
9	倒瓶机	台	
10	灯检机	台	
11	冷却隧道	台	

原辅料领料单						
领料部门			发料仓库			
生产任务单号			领料人签名			
领料日期			发料人签名			
序　号	物料名称	品牌规格	单价/元	发料数量	小计/元	合计/元
1	浓缩果汁					
2	白砂糖					
3	柠檬酸					
4	增稠剂					
5	食用果味香精					

四、产品检验标准

根据 GB 19297—2003《果、蔬汁饮料卫生标准》，所有出厂的果汁饮料的质量要达到以下几项指标：

1．感官指标

具有所含原料水果应具有的色泽、香气和滋味，无异味，无肉眼可见的外来杂质。

2．理化指标

项　　目		指　　标
总砷（以 As 计）/（mg/L）	≤	0.2
铅（Pb）/（mg/L）	≤	0.05
铜（Cu）/（mg/L）	≤	5
锌（Zn）[a]/（mg/L）	≤	5
铁（Fe）[a]/（mg/L）	≤	15
锡（Sn）[a]/（mg/L）	≤	200
锌、铜、铁总和[a]/（mg/L）	≤	20
二氧化硫残留量（SO_2）/（mg/kg）	≤	10
展青霉素[b]/（μg/L）	≤	50

a 仅适用于金属罐装。
b 仅适用于苹果汁、山楂汁。

3．微生物指标

以罐头加工工艺生产的罐装果汁饮料应符合商业无菌的要求。其他包装的果汁饮料微生物指标应符合下表的规定。

项　　目		指　　标	
		低温复原果汁	其　他
菌落总数/（CFU/mL）	≤	500	100
大肠菌群/（MPN/100mL）	≤	30	3
霉菌/（CFU/mL）	≤	20	20
酵母/（CFU/mL）	≤	20	20
致病菌（沙门氏菌、志贺氏菌、金黄色葡萄球菌）		不得检出	

五、产品质量检验

1．产品质量检验流程

产品抽样 → 样品处理 → 产品指标检测 → 结果汇总 → 出具检验报告单

2. 检验报告

产品检验报告单			
			报告单号:
产品名称		产品生产单位	
型号规格		生产日期	
委托检验部门		收样时间	
委托人		收样地点	
委托人联系方式		样品数量	
收样人		封样数量	
样品状态		封样贮存地点	
封样人员		检测日期	
检验依据			
检验项目	感官指标、菌落总数、大肠菌群、霉菌、酵母、致病菌		
检验各项目	合格指标	实测数据	是否合格
检验结论			

编制:　　　　　　　　　　　审核:

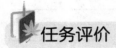

任务评价

实训程序	工作内容	技能标准	相关知识	单项分值	满分值
准备工作	清洁卫生	能发现并解决卫生问题	操作场所卫生要求	5	10
	准备并检查设备和工具	1. 准备本次实训所需所有仪器和容器 2. 仪器和容器的清洗和控干 3. 检查设备运行是否正常	1. 清洗方法 2. 不同设备的点检	5	
稀释	浓缩果汁稀释	能按照要求进行果汁稀释	浓缩果汁的质量标准	10	10
溶糖、过滤	溶糖、过滤	懂得白砂糖的溶解和过滤	溶糖注意事项	5	35
辅料处理	辅料溶解、过滤	懂得辅料的溶解和过滤	辅料使用的注意事项	10	
均质	均质	会操作高压均质设备	高压均质设备的注意事项	10	
调配	调配	会根据果汁饮料的指标进行调配	配料缸的操作注意事项	10	
杀菌	UHT 杀菌	会使用 UHT 杀菌机	UHT 杀菌机的操作规程	10	10
灌装	灌装	会使用三合一热灌装机	使用三合一热灌装机的注意事项	10	10
实训报告	实训内容	实训完毕能够写出具体的工艺操作流程		10	25
	注意事项	能够对操作中的主要问题进行分析比较		5	
	结果讨论	能够对实训产品做客观的分析、评价、探讨		10	

考核内容	满 分 值	水平/分值		
		及　格	中　等	优　秀
清洁卫生				
准备并检查设备和工具				
浓缩果汁稀释				
溶糖、过滤				
辅料处理				
均质				
调配				
UHT 杀菌				
灌装				
实训内容				
注意事项				
结果讨论				

任务 6 >>>

固体饮料的加工

20 世纪 80 年代，以菊花晶、酸梅晶为代表的固体饮料在国内饮料市场风靡一时，成为当时人们时尚的消费品。近年来，在速溶咖啡和早餐豆奶粉稳健发展的同时，奶茶产品异军突起，成为固体饮料的新主力，发展迅猛，同时也形成了年产值达十几亿元的香飘飘、优乐美等知名企业。

固体饮料是指用食品原料、食品添加剂等加工制成的粉末状、颗粒状或块状等固态料的供冲调饮用的制品（不包括烧煮型咖啡），如果汁粉、豆粉、茶粉、咖啡粉、果味型固体饮料、固态汽水（泡腾片）、姜汁粉。根据 GB/T 29602—2013《固体饮料》，固体饮料分为 8 类，分别是风味固体饮料、果蔬固体饮料、蛋白固体饮料、茶固体饮料、咖啡固体饮料、植物固体饮料、特殊用途固体饮料、其他固体饮料。

>>> 任务 6-1　风味型固体饮料的加工

风味型固体饮料是指以食用香精（料）、糖（包括食糖和淀粉糖）、甜味剂、酸味剂、植脂末等一种或几种物质作为调整风味主要手段，添加或不添加其他食品原辅料和食品添加剂，经加工制成的固体饮料。

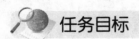 **任务目标**

（1）知道风味型固体饮料的加工工艺。

（2）在教师的指导下，能根据生产任务单制订工作计划，填写人员分工表和领料单，会操作所使用到的加工设备。

 **生产流程**

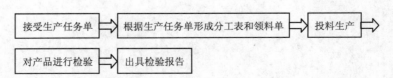

接受生产任务单 → 根据生产任务单形成分工表和领料单 → 投料生产 →

对产品进行检验 → 出具检验报告

任务描述

根据生产任务计划单，组长制订风味型固体饮料生产及检验的详细工作安排（包括人员分工、设备点检、原辅材料的领用、仓库分配），严格按生产工艺规范进行生产，生产过程中严格控制关键控制点，并做好生产过程的记录，及时判断问题、排除故障，最后对产品进行检验，出具检验报告。

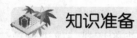 **知识准备**

一、风味型固体饮料的生产

风味固体饮料是固体饮料八大分类之一，其包含果味型、乳味型、茶味型、咖啡型、发酵风味等。风味固体饮料的风味大都是由香精料调配出来的，可以说风味固体饮料是固体饮料中工艺最简单、成本最低廉的一种。同时，其生产和工艺流程也最具代表性。

1. 实验设备和材料

主要设备：粉碎机、混合机、摇摆式颗粒成型机、蒸汽真空干燥机、混合机、电热封口机等。

主要材料：白砂糖、果汁、麦芽糊精、低聚糖、柠檬酸、香料香精。

2. 工艺流程

配料 → 合料 → 成型 → 烘干 → 过筛 → 检验 → 包装 → 成品

二、生产工艺及设备

1. 配料

配料是固体饮料生产流程中的第一道工序。工厂根据生产需要，将生产过程中所需的某些原料和添加剂按照配方比例调配，为下道合料工序做准备。

由于配料关系到固体饮料各成分的大小和比值，从而影响饮料的品质和质量，所以配料不仅是固体饮料的第一道工序也是关键工序。

2. 合料

合料是固体饮料生产流程中的第二道工序，也是最主要的工序。许多发达国家常用高效的粉碎机和混合机，将各种成分粉碎得很细，并在干燥的条件下彻底混合。将各种组分按配方混合后，如果不经成型和烘干，那么合料就成为全部的工艺操作。国内一般都在合料之后，再经成型、烘干等工序，完成固体饮料的加工。

合料设备的类型多种多样，一般采用单桨槽型混合机。该设备主要部件是盛料槽。槽内有电动搅拌桨，槽外边有与齿轮联动的把手，还有盛料槽的支架等，使得各种原料能在盛料槽内充分混合，并在混合完毕后自动倒出原料。合料操作的要求如下：

（1）合料时必须按照配方投料。风味固体饮料一般的配方是：砂糖、麦芽糊精和低聚糖占 97%，柠檬酸或其他食用酸占 1%，各种香料香精占 0.8%，食用色素控制在国家食品卫生标准以内。

（2）粉碎。混合前白砂糖须先用粉碎机粉碎，粉碎的目的是使原辅料的混合更加均匀。麦芽糊精和低聚糖均为粉状，可直接使用。液态低聚糖浓度较高，也可直接使用。

（3）过筛。白砂糖粉碎后通过 60 目筛，去除较大颗粒和少数结块后投料，以免粗糖和结块混入合料机，从而保证合料均匀。

（4）其他原辅料。食用色素和柠檬酸须分别先用水溶解，然后分别投料，再投入香精，搅拌混合。投入混合机的水需要控制在投料量的 5%～7%，用水过多不利成型，用水过少则不能形成颗粒。

3．成型

成型就是将混合均匀的坯料挤压成型的过程。将混合均匀和干湿适当的坯料，放进颗粒成型机造型，颗粒状、颗粒大小与成型机筛网孔眼大小和形状有直接关系，一般以 6～8 目筛网为宜。造型后的坯料，由成型机出料后倒入盛料盘。

成型一般采用摇摆式颗粒成型机。其主要部件是加料槽、正反旋转的带有刮板和筛网的圆筒、网夹管、减速装置和支架等。该机主要作用是将混合好的坯料，通过旋转滚筒，由筛网挤压而出。筛网可随时更换，孔径一般为 6 目筛。

4．烘干

将盛装已经成型的颗粒坯料，均匀铺开放进干燥箱干燥。控制温度在 70℃，以取得产品较好的色、香、味。如果原辅料中含有对温度敏感的维生素，在干燥工艺的条件上可以缩短干燥的时间，以减少维生素的损失。

烘干通常采用蒸汽真空干燥法。主要设备是蒸汽真空干燥机，该设备箱体内装有蒸汽管或蒸汽薄板，供蒸汽进入加热，并供冷水进行冷却。蒸汽管或蒸汽薄板上可搁置料盘。辅助设备是蒸汽锅炉、真空系统（即真空泵）、冷却器、平衡锅等。也可采用远红外干燥法，其主要设备是远红外干燥机，该设备在干燥箱内装上远红外电热板以取代蒸汽管。还可采用热风沸腾干燥法，其主要原理是冷风通过干燥箱中的蒸汽排管进行加热，然后将热风吹入长方形的干燥箱。热风从箱内筛板底部经筛孔向外吹出，使筛板上的颗粒坯料成沸腾状态。箱内筛板有一定斜度，逐步地使干燥的颗粒坯料从高处不断向低处流出。热风大小可用开关调节，沸腾情况可通过孔眼进行观察。热风沸腾干燥法能源消耗较少，便于大规模生产，但颗粒较难控制，有时碎粉较多。

5．包装

将通过检验合格的产品，摊晾至室温之后包装。产品如不摊晾而在室温较高的情况下包装，则容易回潮，引起一系列质变。包装如不紧密，也会引起产品的回潮变质。包装通常采用复合薄膜袋，一般采用电热宽边合缝机密封袋口。

 **任务实施**

一、领取学习任务

生产任务单						
产 品 名 称	产 品 规 格	生 产 车 间	单 位	数 量	开 工 时 间	完 工 时 间
风味型固体饮料	500g	固体饮料生产车间	箱	100		

二、填写任务分工表

序　号	操 作 内 容		主要操作者	协 助 者
		任务分工表		
1	风味型固体饮料的生产	工具领用		
2		材料领用		
3		检查及清洗设备、工具		
4		原材料准备		
5		设备准备		
6		合料		
7		成型		
8		烘干		
9		包装		
10		生产场地、工具的清洁		
11	产品检验			
12				
13				
14				

三、填写任务准备单

车间设备单

序　号	设 备 名 称	规 格	使 用 数 量
1	粉碎机	台	
2	混合机	台	
3	筛分机	台	
4	摇摆式颗粒成型机	台	
5	蒸汽真空干燥机	台	
6	电热宽边合缝机	台	

原辅料领料单

领料部门			发料仓库		
生产任务单号			领料人签名		
领料日期			发料人签名		
序　号	物 料 名 称	品 牌 规 格	单价/元	发 料 数 量	小计/元	合计/元
1	砂糖					
2	麦芽糊精					
3	低聚糖					
4	柠檬酸					
5	香料香精					

四、产品检验标准

　　根据 GB/T 29602—2013《固体饮料》和 GB 7101—2003《固体饮料卫生标准》，所有出厂的固体饮料的质量要达到以下几项指标：

1. 感官指标

具有该品种特有的色泽、香气和滋味，无结块，无刺激、焦煳、酸败及其他异味，冲溶后呈澄清或均匀混悬液，无肉眼可见的外观杂质。

2. 理化指标

项　　目		指　　标
蛋白质/（g/100g）	≥	—
水分/（g/100g）	≤	5.0
总砷（以 As 计）/（g/100g）	≤	0.5
铅/（mg/kg）	≤	1.0
铜/（mg/kg）	≤	5

3. 微生物指标

项　　目		指　　标
菌落总数/（CFU/g）	≤	1 000
大肠菌群/（MPN/100g）	≤	40
霉菌/（CFU/g）	≤	50
致病菌（沙门氏菌、志贺氏菌、金黄色葡萄球菌）	≤	不得检出

五、产品质量检验

1. 产品质量检验流程

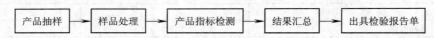

产品抽样 → 样品处理 → 产品指标检测 → 结果汇总 → 出具检验报告单

2. 检验报告

产品检验报告单			
			报告单号：
产品名称		产品生产单位	
型号规格		生产日期	
委托检验部门		收样时间	
委托人		收样地点	
委托人联系方式		样品数量	
收样人		封样数量	
样品状态		封样贮存地点	
封样人员		检测日期	
检验依据			
检验项目	感官指标、水分、蛋白质、总砷、铅、铜、菌落总数、大肠菌群、霉菌、致病菌		
检验各项目	合格指标	实测数据	是否合格
检验结论			

编制：　　　　　　　　　　审核：

任务评价

实训程序	工作内容	技能标准	相关知识	单项分值	满分值
准备工作	清洁卫生	能发现并解决卫生问题	操作场所卫生要求	5	10
	准备并检查设备和工具	1. 准备本次实训所需所有仪器和容器 2. 仪器和容器的清洗和控干 3. 检查设备运行是否正常	1. 清洗方法 2. 不同设备的点检	5	
合料	粉碎	会使用粉碎机	粉碎机的操作方法和产品质量判断	10	20
	过筛	会使用筛分机	掌握条件参数控制产品颗粒度的大小	10	
成型	颗粒成型	会使用摇摆式颗粒成型机	摇摆式颗粒成型机的操作方法和产品质量判断	15	15
烘干	颗粒干燥	会使用蒸汽真空干燥机	蒸汽真空干燥机的操作方法和产品质量判断	15	15
包装	晾干、封口	会使用电热宽边合缝机	电热宽边合缝机的操作规程	10	10
实训报告	实训内容	实训完毕能够写出具体的工艺操作流程		10	30
	注意事项	能够对操作中的主要问题进行分析比较		10	
	结果讨论	能够对实训产品做客观的分析、评价、探讨		10	

考核内容	满分值	水平/分值		
		及　格	中　等	优　秀
清洁卫生				
准备并检查设备和工具				
合料				
成型				
烘干				
包装				
实训内容				
注意事项				
结果讨论				

>>> 任务 6-2 蛋白型固体饮料的加工

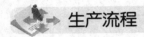

任务目标

（1）知道蛋白型固体饮料的加工工艺。

（2）在教师的指导下，能根据生产任务单制订工作计划，填写人员分工表和领料单，会操作所使用到的加工设备。

生产流程

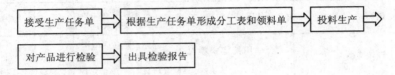

任务描述

根据生产任务计划单，组长制订蛋白型固体饮料生产及检验的详细工作安排（包括人员分工、设备点检、原辅材料的领用、仓库分配），严格按生产工艺规范进行生产，生产过程中严格控制关键控制点，并做好生产过程的记录，及时判断问题排除故障，最后对产品进行检验，出具检验报告。

知识准备

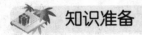

一、蛋白型固体饮料的生产

蛋白型固体饮料是指含有蛋白质和脂肪的固体饮料，其主要通用原料有白砂糖、葡萄糖、乳制品等。在这些原料外再加入麦精和可可粉，则成为可可型麦乳精，除此之外还可添加维生素等原料制成不同类型的固体饮料。各种麦乳精和各种奶品均是经配料、混合、乳化、脱气、干燥等工序制成的疏松多孔、成鳞片状或颗粒状的含有蛋白质和脂肪的固体饮料，具有较为良好的冲溶性、分散性和稳定性，用 8～10 倍的开水冲饮时，即成为各具独特滋味的含乳饮料。这些饮料都具有增加热量和滋补营养的功效，适宜老弱病人饮用，但不宜作为婴幼儿代乳品。麦乳精和乳晶的最大区别是前者具有较浓厚的麦芽香和奶香，蛋白质和脂肪含量较高，后者则蛋白质和脂肪含量较低，有添加物的独特滋味。

1. 实验设备和材料

主要设备：夹层锅、混合机、筛网、均质机、配料缸、轧碎机、成型机、蒸汽真空干燥器、电热封口机等。

主要材料：白砂糖、可可粉、乳粉、麦芽糊精、低聚糖、柠檬酸、香料香精等。

2．工艺流程

二、生产工艺及设备

1．化糖

化糖锅用以溶化各种糖料，如白砂糖、葡萄糖、麦精等。化糖锅一般为夹层锅，以利于蒸汽加热。内外壁均为不锈钢，有搅拌桨叶，便于搅匀各种糖料，加速溶化。也有用电和液化气加热的化糖锅。

先在化糖锅中加入一定量水，然后按照配方加入砂糖、葡萄糖、麦精及其他添加物，在90～95℃条件下搅拌溶化，使之全部溶解，然后用 40～60 目的筛网过滤，进入混合锅。待温度降至 70～80℃时，在搅拌情况下加入适量碳酸氢钠，以中和各种原料带入的酸性物质，从而避免原料中蛋白质的凝结。碳酸氢钠的加入量随各种原料酸度的高低而定，一般加入原料总投入量的 0.2%左右。

2．配料

配料有炼奶、奶粉、蛋粉、可可粉、奶油等。配料罐的结构和材质与化糖锅基本相同。先在配浆锅中加入适量的水，然后按照配方加入炼奶、蛋粉、奶粉、可可粉、奶油等配料，加热使温度升高至 70℃左右，搅拌混合。蛋粉、奶粉、可可粉等须先经 40～60 目的筛子过滤，避免硬块进入锅中而影响产品质量。奶油应先经融化，然后投料。浆料混合均匀后，经40～60 目筛网后进入混合锅。

3．混合

混合是将糖液和奶浆混合均匀，混合所使用的设备在结构与材质均与上述两项设备相同。有出料管与乳化机连通，使糖液与奶浆在混合锅中充分混合，并加入适量的柠檬酸以突出奶香并提高奶的热稳定性。柠檬酸用量一般为全部投料的 0.002%。

4．均质

均质一般采用高压均质机或胶体磨。可用均质机、胶体磨或超声波乳化机等进行两道以上的乳化。这一过程的主要作用是使浆料中的脂肪滴破碎成尽量小的微液滴，增大脂肪滴的总表面积，改变蛋白质的物理性状，减缓或防止脂肪分离，从而大大提高和改善浆料的乳化性和稳定性。

5．浓缩

浓缩的目的是为了消除浆料在乳化过程中带进的空气，并调整浆料烘烤前的水分。如若脱气浆料在乳化过程中混进大量空气，不加以排除，则浆料在干燥时势必发生气泡翻滚现象，使浆料从烘盘中逸出，造成损失。因此必须将乳化后的浆料在浓缩罐中脱气，以防止上述不良现象的发生。浓缩脱气所需的真空度为 96kPa，压力控制在 0.1～0.2MPa。当从视孔中看到浓缩锅内的浆料不再有气泡翻滚时，则说明脱气已完成。脱气浓缩还有调整浆料水分的作用，一般应使浆料的水分含量控制在 28%左右，以利于分盘干燥。

将装了浆料的烘盘放置在干燥箱内的蒸汽管上或蒸汽薄板上或隧道式干燥机的传送带上，加热干燥。干燥初期，真空度保持 90～95kPa，随后提高到 96～98kPa，蒸汽压力控制在 0.15～0.2MPa，干燥时间为 90～100min。干燥完毕后不能立即消除真空，必须先停汽，然后放进冷却水进行冷却约 30min，待料温度下降以后，才消除真空出料。全过程约 120～130min。

6. 轧碎

将烘盘取出的整块多孔状干料用轧碎机轧碎。轧碎机为一不锈钢圆外筒，内有一定大小筛孔的筛网套筒和可以转动的轧片，将干燥块料轧碎后从筛孔中挤压而出。将干燥完成的蜂窝状的整块产品放进轧碎机中轧碎，使产品基本上保持均匀一致的鳞片状，在此过程中，要特别重视卫生条件，所有接触产品的机件、容器及工具等均需保持干净，工作场所要有空调设备，以保持温度在 20℃左右，相对湿度为 40%～45%，避免产品吸潮而影响产品质量，并有利于正常包装操作。

7. 包装

应根据不同包装材料如塑料袋、玻璃瓶、铁听等，而采用不同的封装设备。一般是采用电热封口机以封闭预先制好的袋子。近年来又出现了一种自动称量、自动制袋和自动封口的塑料封袋机。铁听封口则与罐头封盖一样，可以采用多种型号和不同自动化程度的封盖机。玻璃瓶装的产品，采用机械封口机。

 **任务实施**

一、领取学习任务

生产任务单						
产 品 名 称	产 品 规 格	生 产 车 间	单 位	数 量	开 工 时 间	完 工 时 间
蛋白型固体饮料	500g	固体饮料生产车间	箱	100		

二、填写任务分工表

任务分工表				
序 号		操 作 内 容	主要操作者	协 助 者
1		工具领用		
2		材料领用		
3		检查及清洗设备、工具		
4		原材料准备		
5		设备准备		
6		化糖		
7	蛋白型固体饮料的生产	配料		
8		混合		
9		均质		
10		浓缩		
11		轧碎		
12		包装		
13		生产场地、工具的清洁		
14				
15	产品检验			
16				
17				

三、填写任务准备单

车间设备单			
序　号	设 备 名 称	规　格	使 用 数 量
1	夹层锅	台	
2	混合机	台	
3	均质机	台	
4	蒸汽真空干燥机	台	
5	电热封口机	台	
6	筛网	个	
7	轧碎机	台	
8	配料缸	台	

原辅料领料单						
领料部门			发料仓库			
生产任务单号			领料人签名			
领料日期			发料人签名			
序　号	物 料 名 称	品牌规格	单价/元	发料数量	小计/元	合计/元
1	乳粉					
2	白砂糖					
3	香精香料					
4	低聚糖					
5	塑料包装袋					
6	可可粉					
7	麦芽糖精					
8	柠檬酸					

四、产品检验标准

根据 GB/T 29602—2013《固体饮料》和 GB 7101—2003《固体饮料卫生标准》，所有出厂的固体饮料的质量要达到以下几项指标：

1. 感官指标

具有该品种特有的色泽、香气和滋味，无结块，无刺激、焦煳、酸败及其他异味，冲溶后呈澄清或均匀混悬液，无肉眼可见的外观杂质。

2. 理化指标

项　　目		指　　标
蛋白质/（g/100g)	≥	4.0
水分/（g/100g)	≤	5.0
总砷（以 As 计）/（g/100g)	≤	0.5
铅/（mg/kg)	≤	1.0
铜/（mg/kg)	≤	5

3. 微生物指标

项　目		指　标
菌落总数/（CFU/g）	≤	30 000
大肠菌群/（MPN/100g）	≤	90
霉菌/（CFU/g）	≤	50
致病菌/（沙门氏菌、志贺氏菌、金黄色葡萄球菌） ≤		不得检出

五、产品质量检验

1. 产品质量检验流程

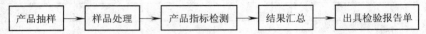

2. 检验报告

产品检验报告单			
			报告单号：
产品名称		产品生产单位	
型号规格		生产日期	
委托检验部门		收样时间	
委托人		收样地点	
委托人联系方式		样品数量	
收样人		封样数量	
样品状态		封样贮存地点	
封样人员		检测日期	
检验依据			
检验项目	感官指标、水分、蛋白质、总砷、铅、铜、菌落总数、大肠菌群、霉菌、致病菌		
检验各项目	合格指标	实测数据	是否合格
检验结论			

编制：　　　　　　　　　审核：

任务评价

实训程序	工作内容	技能标准	相关知识	单项分值	满分值
准备工作	清洁卫生	能发现并解决卫生问题	操作场所卫生要求	5	10
	准备并检查设备和工具	1. 准备本次实训所需所有仪器和容器 2. 仪器和容器的清洗和控干 3. 检查设备运行是否正常	1. 清洗方法 2. 不同设备的点检	5	

（续）

实训程序	工 作 内 容	技 能 标 准	相 关 知 识	单 项 分 值	满 分 值
化糖	白砂糖的溶解	会使用夹层锅	夹层锅的操作方法和产品质量判断	10	10
配料	原料的预混合	掌握混合的温度和顺序	原料混合的顺序及操作方法	15	15
混合	糖浆和原料的混合	会使用混合机	混合的操作方法和产品质量判断	15	15
均质	均质	会使用均质机	包装紧密，不漏缝隙	10	10
包装	封口	会只用电热封口机	掌握封口温度和封口密封度	10	10
实训报告	实训内容	实训完毕能够写出具体的工艺操作		10	30
	注意事项	能够对操作中的主要问题进行分析比较		10	
	结果讨论	能够对实训产品做客观的分析、评价、探讨		10	

考核内容	满 分 值	水平/分值		
		及 格	中 等	优 秀
清洁卫生				
准备并检查设备和工具				
化糖				
配料				
混合				
均质				
包装				
实训内容				
注意事项				
结果讨论				

任务 7 >>>

饮料的检验

>>> 任务 7-1 饮料净含量的计量

净含量是饮料的必检项目之一。当饮料检验人员在取得待检样品后，根据标准 JJF 1070—2005，开展产品净含量的计量工作。工作的简要流程为：准备仪器、工具和试剂→抽取样品→样品计量→记录数据记录和数据处理。当样品测定任务完毕后，检验人员判断产品质量并向上级主管反馈检验结果。

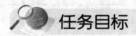 **任务目标**

（1）会使用专用检验量瓶、电子天平、密度计、温度计。
（2）会利用计量检验方法去测定食品的净含量。
（3）会正确地填写检验报告。
（4）会处理原始数据。

 知识准备（参考 JJF 1070—2005《定量包装商品净含量计量检验规则》）

1. 原理
饮料的净含量：商品均为 20℃ ±2℃条件下的体积。

2. 试剂
蒸馏水。

3. 仪器
专用检验量瓶、电子天平、密度计、温度计。

4. 取样
同一班次、同一台灌装机灌装、同一规格的产品为一批。每批随机抽取 15 瓶（罐）：6瓶（罐）用于 pH 值等感官项目的检验[净含量测定 3 瓶（罐）]；3 瓶（罐）用于菌落总数和大肠菌群的检验；6 瓶（罐）留样备用。

5．分析步骤

绝对体积法：本方法适用于流动性好、不挂壁，且标注净含量为 10mL 至 10L 的液体商品，如饮用水、啤酒、白酒等。

（1）将样本的单位内容物倒入专用检验量瓶中，倒入时内容物不得有流洒及向瓶外飞溅。内容物呈滴状后，应静止等待不少于 30s。

（2）保持专用检验量瓶放置垂直，并使视线与液面平齐，按液面的弯月面下沿读取示值（保留至分度值的 1/3 至 1/5）。该示值即为样本单位的实际含量。

（3）参考 JJF 1070—2005《定量包装商品净含量计量检验规则》的要求填写原始记录，并对检验数据进行处理。

（4）对检验结果进行评定并填写检验报告。检验结果有如下 4 种情况：

1）如检验批的净含量和标注均合格，总体结论为检验批净含量标注和净含量均合格。

2）如检验批的净含量不合格但标注合格，总体结论为检验批的净含量标注合格，净含量不合格。

3）如检验批的净含量标注不合格但净含量合格，总体结论为检验批的净含量合格，净含量标注不合格。

4）如检验批的净含量和标注均不合格，总体结论为检验批的净含量标注和净含量均不合格。

 ## 任务实施——绝对体积法

1．试剂

试 剂 单					
序 号	名 称	规 格	配 制 量	配 制 方 法	备 注
1					
2					
3					
4					
5					

2．仪器

仪器和设备单				
序 号	名 称	规 格	数 量	备 注
1				
2				
3				
4				
5				

3．样品处理方法和步骤

4. 样品测定方法和步骤

------

5. 数据记录及计算

定量包装商品实际含量计量检验原始记录格式

检验日期： 编号：

受检单位		法定代表人或负责人		电话	
地址			邮编		
商品名称			标注净含量		
标注生产企业			批量		样本量	
检验依据			检验方法		

测量设备名称	规格型号	准确度等级	量程	最小分度值	设备编号	检定有效期

1. 净含量标注检查

标注正确、易见		计量单位		字符高度		多件包装标注	
检查结论							

2. 实际含量检验

允许短缺量			修正因子			相对湿度			温度		
编号	1	2	3	4	5	6	7	8	9	10	
实际含量（ ）											
偏差（ ）											
编号	11	12	13	14	15	16	17	18	19	20	
实际含量（ ）											
偏差（ ）											
编号	21	22	23	24	25	26	27	28	29	30	
实际含量（ ）											
偏差（ ）											
编号	31	32	33	34	35	36	37	38	39	40	
实际含量（ ）											
偏差（ ）											
编号	41	42	43	44	45	46	47	48	49	50	
实际含量（ ）											
偏差（ ）											

平均实际含量		标准偏差		修正值		实际含量修正结果	
大于 1 倍，小于或者等于 2 倍允许短缺量件数			大于 2 倍允许短缺量件数				
检验结论							

3. 总体结论

检验人（签字）： 核验人员（签字）：

日期： 日期：

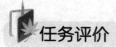
任务评价

任务考核评价表

评价项目	评价标准	评价方式			权　重	得分小计	总　分
		自我评价 0.1	小组评价 0.4	教师评价 0.5			
职业素质	1. 遵守实验室管理规定，严格操作程序 2. 按时完成学习任务 3. 学习积极主动、勤学好问				0.2		
专业能力	1. 会操作净含量计量的过程 2. 操作规范 3. 实验结果准确且精确度高 4. 数据处理正确				0.6		
与人协作能力	1. 能主动与小组成员沟通，主动承担任务 2. 发挥团队精神，互补互助				0.2		
指导教师综合评价							

考考你

1. 测定饮料的净含量需要哪些仪器？

2. 哪些种类的饮料适用于绝对体积法去测净含量？

3. 叙述用绝对体积法测量净含量的操作步骤。

>>> **任务 7-2 纯净水的 pH 检测**

 任务目标

（1）认识精密 pH 计的结构和组成。

（2）学会测定纯净水的 pH 值。

知识准备（参考 GB/T 5750.4—2006《生活饮用水标准检验方法 感官性状和物理指标》）

1. 原理

以玻璃电极为指示电极，饱和甘汞电极为参比电极，插入溶液中组成原电池。当氢离子浓度发生变化时，玻璃电极和甘汞电极之间的电动势也随之变化，在 25℃时，每单位 pH 标度相当于 59.1mV 电动势变化值，在仪器上直接以 pH 的读数表示。仪器上有温度差异补偿装置。

2. 试剂

（1）苯二甲酸氢钾标准缓冲溶液：按照 GB/T 5750.4—2006 配置。称取 10.21g 在 105℃烘干 2h 的苯二甲酸氢钾（$KHC_8H_4O_4$），溶于纯水中，并稀释至 1 000mL，此溶液的 pH 值在 20℃时为 4.00。

（2）混合磷酸盐标准缓冲溶液：按照 GB/T 5750.4—2006 配置。称取 3.41g 在 105℃烘干 2h 的磷酸二氢钾（KH_2PO_4）和 3.55g 磷酸氢二钠（$Na_2H_2PO_4$），溶于纯水中，并稀释至 1 000mL，此溶液的 pH 值在 20℃时为 6.88。

（3）四硼酸钠标准缓冲溶液：按照 GB/T 5750.4—2006 配置。称取 3.81g 四硼酸钠（$Na_2B_4O_7 \cdot 10H_2O$），溶于纯水中，并稀释至 1 000mL，此溶液的 pH 值在 20℃时为 9.22。

3. 仪器

精密 pH 计（如图 7-1 所示）、pH 玻璃电极、温度计、塑料烧杯。

其中精密 pH 计由三部分组成：

（1）一个参比电极。

（2）一个玻璃电极，其电位取决于周围溶液的 pH。

（3）一个电流计，该电流计能在电流极大的电路中测量出微小的电位差。

4. 取样

同一班次、同一台灌装机灌装、同一规格的产品为一批。每批随机抽取 15 瓶（罐）：6 瓶（罐）用于 pH 值等感官项目的检验[净含量测定

图 7-1 精密 pH 计

3 瓶（罐）]；3 瓶（罐）用于菌落总数和大肠菌群的检验；6 瓶（罐）留样备用。

5．分析步骤

（1）玻璃电极在使用前应放入纯水中浸泡 24h 以上。

（2）仪器校正：仪器开启 30min 后，按仪器使用说明书操作。

（3）pH 定位：选用一种与被测水样 pH 接近的标准缓冲溶液，重复定位 1～2 次，当水样 pH＜7.0 时，使用苯二甲酸氢钾标准缓冲溶液定位，以四硼酸钠或混合磷酸盐标准缓冲溶液复定位；如果水样 pH＞7.0 时，则用四硼酸钠标准缓冲溶液定位，以苯二甲酸氢钾或混合磷酸盐标准缓冲溶液复定位。

注：如发现三种缓冲液的定位值不成线性，应检查玻璃电极的质量。

（4）用洗瓶以纯水缓缓淋洗两个电极数次，再以水样淋洗 6～8 次，然后插入水样中，1min 后直接从仪器上读出 pH 值。

注：甘汞电极内为氯化钾的饱和溶液，当室温升高后，溶液可能由饱和状态变为不饱和状态，故应保持一定量氯化钾晶体；pH 值大于 9 的溶液，应使用高碱玻璃电极测定 pH 值。

 **任务实施**

1．试剂

试 剂 单					
序　号	名　　称	规　格	配 制 量	配 制 方 法	备　注
1					
2					
3					
4					
5					
6					
7					
8					

2．仪器

仪器和设备单				
序　号	名　　称	规　格	数　量	备　注
1				
2				
3				
4				
5				
6				
7				
8				
9				
10				

3. 样品处理方法和步骤

----

4. 样品测定方法和步骤

----

5. 数据记录及计算

纯净水的 pH 检验原始记录

检验报告编号：

样品名称		样品的其他信息（生产的批号、日期等）	
检验依据		仪器名称及编号	
试剂来源		检验日期	
检验人		校核人	
测定结果	实 验 温 度		
	样 品	1	2
	平 均 值		
产品合格指标		结果判断	

任务评价

任务考核评价表

评价项目	评价标准	评价方式			权 重	得分小计	总 分
		自我评价	小组评价	教师评价			
		0.1	0.2	0.7			
职业素质	1. 遵守实验室管理规定，严格操作程序 2. 按时完成学习任务 3. 学习积极主动、勤学好问				0.2		

（续）

评价项目	评价标准	评价方式			权　重	得分小计	总　分
		自我评价	小组评价	教师评价			
		0.1	0.2	0.7			
专业能力	1. 标准溶液是否正确配置 2. pH 值的测定是否按照要求 3. pH 计的保养是否正确				0.6		
与人协作能力	1. 能主动与小组成员沟通，主动承担任务 2. 发挥团队精神，互补互助				0.2		

 考考你

1．简述纯净水测定 pH 的原因。

2．测定纯净水 pH 的方法还有哪些？

>>> 任务 7-3　纯净水电导率的检测

 任务目标

（1）认识电导率仪的结构和组成。
（2）学会测定纯净水的电导率。

知识准备（参考 GB/T 5750.4—2006《生活饮用水标准检验方法　感官性状和物理指标》）

1．原理：

电导率是用数字来表示水溶液传导电流的能力。它与水中矿物质有密切的关系，可用于

检测生活饮用水及其水源水中溶解性矿物质浓度的变化和估计水中离子化合物的数量。

水的电导率与电解质浓度成正比，具有线性关系。水中多数无机盐是离子状态存在，是电的良好导体，但是水中有机物不离解或离解极微弱，导电也很微弱的，因此用电导率是不能反映这类污染因素的。一般天然水的电导率在 50μS/cm～1 500μS/cm 之间，含无机盐高的水可达 10 000μS/cm 以上。水中溶解的电解质特性、浓度和水温对电导率的测定有密切关系。因此，实验条件和电导仪电极的选择及安装可直接影响测量电导率的精密度和准确度。

在电解质的溶液里，离子在电场的作用下，由于离子的移动具有导电作用，在相同温度下测定水样的电导 G，它与水样的电阻 R 呈倒数关系，计算公式为

$$G=1/R$$

在一定条件下，水样的电导随着离子含量的增加而升高，而电阻则降低。因此，电导率 γ 就是电流通过单位面积 A 为 1cm^2，距离 L 为 1cm 的两个铂黑电极的电导能力，计算公式为

$$\gamma=G\times L/A$$

即电导率 γ 为给定的电导池常数 C 与水样电阻 R_s 的比值，计算公式为

$$\gamma=C\times G_s=C/R_s\times10^6$$

只要测定出水样的 R_s（Ω）或水样的 G_s（μS），γ 即可得出。γ 的单位为 μS/cm，1μS=10^{-6}S。

2．试剂

氯化钾标准溶液：按照 GB 17323—1998《瓶装饮用纯净水》，氯化钾标准溶液的浓度为 c（KCl）=0.01000 mol/L。

（1）称取 0.7456g，在 110℃烘干后的优级纯氯化钾。

（2）溶于新煮沸放冷的蒸馏水中（电导率小于 1μS/cm），于 25℃时在容量瓶中稀释至 1000mL。

（3）此溶液 25℃时的电导率为 1413μS/cm。溶液应储存在塑料瓶中。

3．仪器

电导率仪（包含电极、电源、显示屏等）、烧杯、恒温水浴锅、电子天平。

4．取样

同一班次、同一台灌装机灌装、同一规格的产品为一批。每批随机抽取 15 瓶（罐）：6 瓶（罐）用于感官要求、净含量、pH 值、电导率的检验[净含量测定 3 瓶（罐）]；3 瓶（罐）用于菌落总数和大肠菌群的检验；6 瓶（罐）留样备用。

5．分析步骤

按电导率仪的使用说明，选好电极和测量条件，并调校好电导率仪，将电极用待测溶液洗涤 3 次后，插入盛放待测溶液的烧杯中。选择适当量程，读出表上读数，即可计算出待测溶液的电导率值。具体步骤为：

（1）将氯化钾标准溶液注入 4 支试管，再把水样注入 2 支试管中。把 6 支试管同时放入 25℃±0.1℃恒温水浴锅中，加热 30min，使管内溶液温度达到 25℃。

（2）用其中 3 管氯化钾溶液依次冲洗电导电极和电导池，然后将第 4 管氯化钾溶液倒入电导池中，插入电导电极测量氯化钾的电导 G_{KCL} 或电阻 R_{KCL}。

（3）用 1 管水样充分冲洗电极，测量另一管水样的电导 G_s 或电阻 R_s。

依次测量其他水样。如测定过程中，温度变化<0.20℃，氯化钾标准溶液电导或电阻就不必再次测定。但在不同批（日）测量时，应重做氯化钾溶液电导或电阻的测量。

注意事项：

（1）电导池常数 C 等于氯化钾标准溶液的电导率（1 413μS/cm）除以测得的氯化钾标准溶液的电导 G_{KCL}。测定时温度应为 25℃±0.1℃，则：

$$C = 1\ 413/G_{KCL}$$

（2）电极引线不要受潮，否则将影响测量的准确度。

（3）盛放待测溶液的烧杯应用待测溶液清洗 3 次，以避免离子污染。

（4）21 个天然水样测定结果与理论值比较，平均相对误差为 4.2%～9.9%，相对标准偏差为 3.7%～8.1%。

 任务实施

1. 试剂

试　剂　单					
序　号	名　称	规　格	配　制　量	配　制　方　法	备　注
1					
2					
3					
4					
5					

2. 仪器

仪器和设备单				
序　号	名　称	规　格	数　量	备　注
1				
2				
3				
4				
5				

3. 样品处理方法和步骤

----

4. 样品测定方法和步骤

5．数据记录及计算

纯净水的电导率　检验原始记录

检验报告编号：

样品名称		样品的其他信息（生产的批号、日期等）	
检验依据		仪器名称及编号	
试剂来源		检验日期	
检验人		校核人	

测定结果	实　验　温　度			
	样　　品		1	2
	平均值			

产品合格指标		结果判断	

任务评价

任务考核评价表

评价项目	评价标准	评价方式			权　重	得分小计	总　　分
		自我评价	小组评价	教师评价			
		0.1	0.2	0.7			
职业素质	1．遵守实验室管理规定，严格操作程序 2．按时完成学习任务 3．学习积极主动、勤学好问				0.2		
专业能力	1．标准溶液是否正确配置 2．电导率的测定是否按照要求 3．电导率的保养是否正确				0.6		
与人协作能力	1．能主动与小组成员沟通，主动承担任务 2．发挥团队精神，互补互助				0.2		

考考你

1．请问纯净水测定电导率的原因是什么？

....

....

....

....

2. 请写出电导率其他的测定方法。

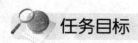

任务 7-4　碳酸饮料中二氧化碳的测定

任务目标

（1）知道碳酸饮料测定的技术原理。

（2）能够对碳酸饮料中的二氧化碳进行操作测定，包括氢氧化钠和盐酸标定、试液的制备、蒸馏操作、含量计算等。

知识准备（参考 GB/T 12143—2008《饮料通用分析方法》）

1. 原理

试样经强碱、强酸处理后加热蒸馏，逸出的二氧化碳用氢氧化钠吸收生成碳酸盐。用氯化钡沉淀碳酸盐，再用盐酸滴定剩余的氢氧化钠。根据盐酸的消耗量，计算样品中二氧化碳的含量。

2. 试剂

（1）酸性磷酸盐溶液：称取 100g 磷酸二氢钠，溶于水中，加 25mL 磷酸转移至 500mL 容量瓶中，用水稀释至刻度。

（2）氯化钡溶液：称取 60g 氯化钡，溶于 1 000mL 水中，以酚酞-百里香酚酞为指示剂，用氢氧化钠标准滴定溶液和盐酸标准滴定溶液中和至中性。

（3）10%过氧化氢溶液（临时配）：取 10mL 过氧化氢，加 20mL 水。

（4）酚酞-百里香酚酞指示液：将 1g 酚酞与 0.5g 百里香酚酞溶于 100mL 乙醇中。

（5）50%氢氧化钠溶液：称取 500g 氢氧化钠溶解于 500mL 水中，贮存于塑料瓶中，静置 15 天。

（6）氢氧化钠标准滴定溶液：0.25mol/L（用 50%氢氧化钠溶液配制，具体参照实施过程）。

（7）盐酸标准滴定溶液：0.25mol/L（具体参照操作步骤）。

（8）不含二氧化碳的水：将水煮沸，煮去原体积的 1/5～1/4，迅速冷却。

3. 仪器

感量为 0.000 1g 的分析天平，二氧化碳蒸馏吸收装置，台式真空泵，真空表，冰-盐水浴，规格为 50.00mL 的酸式、碱式滴定管，烧杯，玻璃棒等。

4．分析步骤

（1）氢氧化钠标准滴定溶液的配制与标定

1）取 13.5mL 50%氢氧化钠溶液的上层清液于 1 000mL 容量瓶中，用不含二氧化碳的水稀释至刻度，摇匀。

2）称取约 0.8g 于 105℃烘至恒重的邻苯二甲酸氢钾，精确至 0.000 2g，溶于 80mL 不含二氧化碳的水中，加 3 滴酚酞-百里香酚酞指示液，用氢氧化钠滴定至溶液呈淡紫色，记录消耗的氢氧化钠标准滴定溶液的体积。

3）根据下面公式求得氢氧化钠标准滴定溶液的浓度。

$$c_1 = \frac{m_1}{V_1 \times 0.204\ 2}$$

式中　c_1——氢氧化钠标准滴定溶液的浓度（mol/L）；

　　　m_1——邻苯二甲酸氢钾的质量（g）；

　　　V_1——滴定时消耗氢氧化钠标准滴定溶液的体积（mL）；

0.204 2——与 1.00mL 氢氧化钠标准滴定溶液[c（NaOH）=1mol/L]相当的以克表示的邻苯二甲酸氢钾的质量。

（2）盐酸标准滴定溶液的配制与标定

1）取 21.0mL 盐酸于 1 000mL 容量瓶中，用水稀释至刻度，摇匀。

2）取 20.0mL 盐酸溶液于 250mL 锥形瓶中，加 60mL 不含二氧化碳的水和 3 滴酚酞-百里香酚酞指示液，用 0.25mol/L 氢氧化钠标准滴定溶液滴定，近终点时加热锥形瓶内溶液至 80℃，继续滴定至溶液呈淡紫色。

3）根据下面公式求得盐酸标准滴定溶液的浓度。

$$c_2 = \frac{c_1 \times V_2}{20.0}$$

式中　c_2——盐酸标准滴定溶液的浓度（mol/L）；

　　　c_1——氢氧化钠标准滴定溶液的浓度（mol/L）；

　　　V_2——滴定时消耗氢氧化钠标准滴定溶液的体积（mL）；

20.0——滴定时取盐酸标准滴定溶液的体积（mL）。

（3）试液的制备

1）将未开盖的汽水放入 0℃以下冰-盐浴中，浸泡 1～2h，待瓶内汽水接近冰冻时打开瓶盖；

2）迅速加入 50%氢氧化钠溶液的上层清液（每 100mL 汽水加 2.0～2.5mL），立即用橡皮塞塞住。将瓶底向上，缓慢振摇数分钟后放至室温，待测定。

（4）试液的蒸馏——吸收

1）取 15.00～25.00mL 上述制备好的试液（二氧化碳含量在 0.06～0.15g）于 500mL 具支圆底烧瓶中，加入 3mL 10%过氧化氢溶液和几粒多孔瓷片，连接吸收管，将分液漏斗紧密接到烧瓶上，不得漏气。

2）预先在第一及第二支吸收管中，分别准确加入 20mL 0.25mol/L 氢氧化钠标准滴定溶液，并将两支吸收管浸泡在盛水的烧杯中，在蒸馏吸收过程中，温度控制在 25℃以下。

3）在第三支吸收管中准确加入 10mL 0.25mol/L 氢氧化钠标准滴定溶液和 10mL 氯化钡溶液。

4）将三支吸收管串联。第三支吸收管一端连接真空泵，使整个装置密封。打开真空泵阀，缓慢增加真空度，控制在 14～20kPa（100～150mmHg），直至无泡通过吸收管。

5）继续抽气，使其保持真空状态，将 35mL 酸性磷酸盐溶液加入分液漏斗中，打开活塞，使酸性磷酸盐缓慢滴入烧瓶中（约 30mL），关闭活塞，摇动烧瓶，使样品与酸液充分混合，用调压器控制电炉温度，缓慢加热，使二氧化碳逐渐逸出，控制吸收管中有断断续续气泡上升。

6）待第一支吸收管中增加 2～3mL 馏出液，吸收管上部手感温热时，表明烧瓶内的二氧化碳已全部逸出，并被吸收管内氢氧化钠所吸收。

7）此时，关闭第三支吸收管与真空泵之间的连接阀，关闭电炉，慢慢打开分液漏斗的活塞，通入空气，使压力平衡。

8）将三支吸收管中的溶液合并洗入 500mL 锥形瓶中，并用少量水多次洗涤吸收管，洗液并入锥形瓶中，加入 50mL 氯化钡溶液，充分振摇，放置片刻。

二氧化碳蒸馏吸收装置如图 7-2 所示。

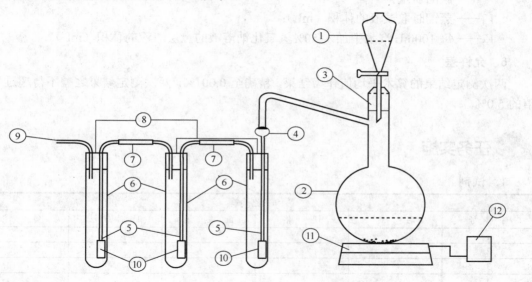

①—100 mL分液漏斗
②—500 mL具支圆底烧瓶
③、⑧—橡皮塞
④—φ4/15磨口
⑤—8 mm的玻璃管
⑥—250 mm×25 mm试管
⑦—橡皮管
⑨—接真空泵
⑩—气体分散器（具有四个孔径为0.1mm一端封死的乳胶管）
⑪—电炉
⑫—调压器：1 kW

图 7-2　二氧化碳蒸馏吸收装置

（5）蒸馏液的滴定

在上述蒸馏液的锥形瓶中加入 3 滴酚酞-百里香酚酞指示液，用 0.25mol/L 盐酸标准滴定溶液滴定至溶液为无色。记录消耗盐酸标准滴定溶液的毫升数（V_3）。

5．分析结果表述

试样中二氧化碳含量的计算公式为

$$X = (c_1 \times 50 - c_2 \times V_3) \times 0.022 \times \frac{100}{V_4} \times \frac{100 + V_5}{100}$$

式中　X—— 样品中二氧化碳含量（%）；

c_1—— 氢氧化钠标准滴定溶液的浓度（mol/L）；

50—— 加入三支吸收管中 0.25mol/L 氢氧化钠标准滴定溶液体积（mL）；

c_2—— 盐酸标准滴定溶液的浓度（mol/L）；

V_3—— 滴定时消耗 0.25mol/L 盐酸标准滴定溶液的体积（mL）；

0.022—— 与 1.00mL 氢氧化钠标准滴定溶液[C_{NaOH}=1.000mol/L]相当的以克表示的二氧化碳的质量；

V_4—— 蒸馏时取试液的体积（mL）；

V_5—— 每 100mL 汽水中加入 50%氢氧化钠溶液的上层清液的体积（mL）。

6．允许差

两次测定结果的算术平均值作为结果，精确至 0.001%，两次测定结果之差不得超过平均值的 5.0%。

 任务实施

1．试剂

试 剂 单					
序　号	名　　称	规　格	配　制　量	配 制 方 法	备　注
1					
2					
3					
4					
5					

2．仪器

仪器和设备单				
序　号	名　　称	规　格	数　量	备　注
1				
2				
3				
4				
5				

3．样品处理方法和步骤

4. 样品测定方法和步骤

----

5. 数据记录及计算

<u>碳酸饮料中二氧化碳的测定</u> 检验原始记录

检验报告编号：

样品名称		样品的其他信息（生产的批号、日期等）	
检验依据		仪器名称及编号	
试剂来源		检验日期	
检验人		校核人	

测定结果	项　　目	$1^{\#}$	$2^{\#}$
	氢氧化钠标准溶液浓度 c_1/mol/L		
	盐酸标准溶液浓度 c_2/mol/L		
	蒸馏时取试液体积 V_4/mL		
	每 100mL 汽水加入 50%氢氧化钠的体积 V_5/mL		
	滴定消耗 0.25mol/L 盐酸标准滴定溶液体积 V_3/mL		
	二氧化碳含量 X（%）		
	二氧化碳平均含量（%）		
	两次测定结果只差与平均值之比（%）		
产品合格指标	结果判断		

任务评价

任务考核评价表

评价项目	评价标准	评价方式			权　重	得分小计	总　分
		自我评价	小组评价	教师评价			
		0.1	0.4	0.5			
职业素质	1. 遵守实验室管理规定，严格操作程序 2. 按时完成学习任务 3. 学习积极主动、勤学好问				0.2		
专业能力	1. 会碳酸饮料中二氧化碳的测定方法，能测定样品的二氧化碳含量 2. 操作规范 3. 实验结果准确且精确度高 4. 数据处理正确				0.6		
与人协作能力	1. 能主动与小组成员沟通，主动承担任务 2. 发挥团队精神，互补互助				0.2		
指导教师综合评价							

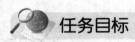

考考你

1. 在蒸馏过程中，往烧瓶里加入过氧化氢溶液的作用是什么？

2. 在连接减压泵后，往分液漏斗中加入的酸性磷酸盐溶液的作用是什么？

3. 在第三支吸收管中加入的氯化钡有何作用？

>>> 任务 7-5　果汁饮料中可溶性固形物的测定

任务目标

（1）知道折光计法测定果汁饮料中可溶性固形物含量的原理。
（2）能够应用折光计法测定果汁饮料中可溶性固形物的含量。

知识准备（参考 GB/T 12143—2008《饮料通用分析方法》）

1. 原理

在 20℃用折光计测量待测样液的折光率，并根据折光率从附录 A 查得或从折光计上直接读出可溶性固形物含量。

2. 试剂

乙醚或乙醇（分析纯）、果汁饮品、蒸馏水（自制）。

3. 仪器

阿贝折光计（测量范围 0%～80%，精确度±0.1%）、高速组织捣碎机（10 000～12 000r/min）、烧杯、脱脂棉花、电炉（1 000W）、玻璃棒、布氏漏斗、电子天平（感量为 0.01g）、减压泵、定性滤纸。

4．分析步骤

（1）样品制备

1）透明液体样品：将试样充分混匀，待测定。

2）非黏稠制品（果浆、菜浆类饮料）：将试样充分混匀，用四层纱布挤出滤液，收集滤液待用。

3）含悬浮物制品（果粒果汁类饮料）：将待测样品置于组织捣碎机中捣碎，用四层纱布挤出滤液，弃去最初几滴，收集滤液供测试用。

（2）样品的测定

测定前按说明书校正折光计。分开折光计两面棱镜，用脱脂棉蘸乙醇和乙醚擦净。滴加 2～3 滴果汁样液于棱镜中央，立即闭合棱镜，静置 1min，使试样均匀无气泡，并充满视野。对准光源，转动消色调节旋钮，使视野分成明暗两部分，再转动刻度调节手轮，使明暗分界线在物镜的十字交叉点上，读取刻度尺上所示百分数，并记录测定时的温度。如目镜读数标尺刻度为百分数，即为可溶性固形物含量（%）；如目镜读数标尺刻度为折光率，可按附录 A 换算为可溶性固形物含量（%）。

5．分析结果的表述

不经稀释的透明液体或非黏稠制品或固液相分开的制品，可溶性固形物含量与折光计上读数所得求出的相等。

同一试样取两个平行样测定（以两次测定的重现性能满足要求为前提），以其算术平均值作为测定结果，保留一位小数。百分含量按附录 A、B 表换算为 20℃时可溶性固形物含量（%）。

6．允许差

由同一分析者前后连续进行的同一样品两次测定值之差，不应大于 0.5%。

 任务实施

1．试剂

试 剂 单					
序　号	名　称	规　格	配 制 量	配 制 方 法	备　注
1					
2					
3					
4					
5					

2．仪器

仪器和设备单				
序　号	名　称	规　格	数　量	备　注
1				
2				
3				
4				
5				

3．样品处理方法和步骤

4．样品测定方法和步骤

5．数据记录及计算

<u>果汁饮料中可溶性固形物的测定</u>　检验原始记录

检验报告编号：

样品名称		样品的其他信息（生产的批号、日期等）		
检验依据		仪器名称及编号		
试剂来源		检验日期		
检验人		校核人		
测定结果	实　验　温　度			
	20℃时可溶性固形物温度校正值			
	测定液可溶性固形物测定值（%）		1	2
	测定液可溶性固形物平均值（%）			
	测定差与平均值之比（%）			
产品合格指标		结果判断		

任务评价

任务考核评价表

评价项目	评价标准	评价方式			权　重	得分小计	总　分
		自我评价	小组评价	教师评价			
		0.1	0.4	0.5			
职业素质	1. 遵守实验室管理规定，严格操作程序 2. 按时完成学习任务 3. 学习积极主动、勤学好问				0.2		

（续）

评价项目	评价标准	评价方式			权　重	得分小计	总　　分
		自我评价	小组评价	教师评价			
		0.1	0.4	0.5			
专业能力	1. 会果汁饮料中可溶性固形物的测定方法，能测定样品的可溶性固形物 2. 操作规范 3. 实验结果准确且精确度高 4. 数据处理正确				0.6		
与人协作能力	1. 能主动与小组成员沟通，主动承担任务 2. 发挥团队精神，互补互助				0.2		
指导教师综合评价							

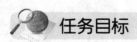
考考你

1. 请思考影响折光率的因素有哪些呢？

2. 阿贝折光仪在使用前需要进行校正，你知道如何对其进行校正操作吗？

3. 是否所有饮料都对可溶性固形物有要求呢？你能分别查找到国标对碳酸饮料、植物蛋白饮料、乳制品、果蔬饮料的可溶性固形物的含量要求吗？

>>> 任务7-6　果汁饮料中总酸的测定

任务目标

（1）知道果汁饮料中总酸测定的原理。

（2）能够自行操作测定果汁饮料中总酸的含量。

知识准备（参考 GB/T 12456—2008《食品中总酸的测定》）

1. 原理

根据酸碱中和原理，用碱液滴定试液中的酸，以酚酞为指示剂确定滴定终点，按碱液的消耗量计算食品中的总酸含量。

2. 试剂

0.1mol/L 氢氧化钠溶液（按照 GB/T 601--2002《化学试剂 标准滴定溶液的制备》配制）、1%酚酞（1 克酚酞溶于 60mL95%乙醇稀至 100mL）、果汁、蒸馏水。

3. 仪器

分析天平（感量为 0.000 1g）、碱式滴定管（50.00mL）、容量瓶（250mL）、玻璃棒、电炉、烧杯、锥形瓶、快速滤纸。

4. 分析步骤

（1）试剂的配制

1）0.1mol/L 氢氧化钠标准溶液：按照 GB/T 601 中的要求，按每组两人的要求，配制500mL 0.1mol/L 的氢氧化钠标准溶液，用白色塑胶瓶盛放。

2）1%酚酞：称取酚酞 1.0 克，溶于 60 毫升 95%的乙醇中，稀释至 100mL。

（2）试剂的准备

1）不含二氧化碳的样品：充分混匀，至于密闭的玻璃容器内。

2）含二氧化碳的样品：至少取 200g 样品于 500mL 烧杯中，置于电炉上，边搅拌边加热至沸腾，保持 2min，称量，用煮沸过的水补充至煮沸前的质量，置于密闭玻璃容器内。

3）称取 10～50g 经处理的试样，精确至 0.001g，置于 100mL 烧杯中。用约 80℃煮沸过的水将烧杯中的内容物转移到 250mL 容量瓶中（总体积约为 150mL）。置于沸水浴中煮沸30min（摇动 2～3 次，使试样中的有机酸全部溶解于溶液中），取出，冷却至室温（约 20℃），用煮沸过的水定容至 250mL。用快速滤纸过滤。收集滤液，用于测定。

（3）果汁中总酸的测定

1）量取 25.00～50.00mL 试液，使之含有 0.035～0.070g 酸，置于 250mL 锥形瓶中。

2）加 40～60mL 水及 0.2mL 1%酚酞指示剂。

3）用 0.1mol/L 氢氧化钠标准滴定溶液（如样品酸度较低，可用 0.05mol/L 氢氧化钠标准滴定溶液）滴定至微红色 30s 不褪色。

4）记录消耗 0.1mol/L 氢氧化钠标准滴定溶液的体积数值（V_1）。

5）同一被测样品应测定两次。

6）按照以上步骤，用蒸馏水代替试液，做一份空白试验。记录消耗 0.1mol/L 氢氧化钠标准滴定溶液的体积数值（V_2）

5. 分析结果表述

食品中总酸含量以质量分数 X 计，数值以克每千克（g/kg）表示，计算公式为

$$X = \frac{c \times (V_1 - V_2) \times K \times F}{m} \times 1000$$

式中 c—— 氢氧化钠标准滴定溶液浓度的准确数值（mol/L）；

     V_1—— 滴定试液时消耗氢氧化钠标准滴定溶液的体积的数值（mL）；

     V_2—— 空白试验时消耗氢氧化钠标准滴定溶液的体积的数值（mL）；

     K—— 酸的换算系数：苹果酸 0.067；乙酸 0.060；酒石酸 0.075；柠檬酸 0.064；柠檬酸 0.070（含一分子结晶水）；乳酸 0.090；盐酸 0.036；磷酸 0.049；

     F—— 试液的稀释倍数；

     m—— 试样的质量的数值（g）。

6. 允许差

计算结果表示到小数点后两位，同一样品，两次测定结果之差不得超过两次测定平均值的 2%。

 任务实施

1. 试剂

试 剂 单					
序 号	名 称	规 格	配 制 量	配 制 方 法	备 注
1					
2					
3					
4					
5					

2. 仪器

仪器和设备单				
序 号	名 称	规 格	数 量	备 注
1				
2				
3				
4				
5				

3. 样品处理方法和步骤

4. 样品测定方法和步骤

5. 数据记录及计算

<u>果汁饮料中总酸的测定</u>　检验原始记录

检验报告编号：

样品名称		样品的其他信息（生产的批号、日期等）	
检验依据		仪器名称及编号	
试剂来源		检验日期	
检验人		校核人	

测定结果	测 定 次 数	1	2
	称取的试样质量 m/g		
	稀释的倍数 F		
	滴定试液消耗氢氧化钠 V_1/mL		
	滴定空白消耗氢氧化钠 V_2/mL		
	总酸的质量分数 X/（g/kg）		
	X 的平均值/（g/kg）		
	测得值之差与平均值比		
产品合格指标	结果判断		

任务评价

任务考核评价表

评价项目	评价标准	评价方式			权　　重	得分小计	总　　分
		自我评价	小组评价	教师评价			
		0.1	0.4	0.5			
职业素质	1．遵守实验室管理规定，严格操作程序 2．按时完成学习任务 3．学习积极主动、勤学好问				0.2		
专业能力	1．会饮料中总酸的测定方法，能测定样品的总酸 2．操作规范 3．实验结果准确且精确度高 4．数据处理正确				0.6		
与人协作能力	1．能主动与小组成员沟通，主动承担任务 2．发挥团队精神，互补互助				0.2		
指导教师综合评价							

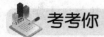 **考考你**

1．在滴定完成后的计算中，酸的换算系数 K 值，应当如何选择呢？

2．若所选用的果汁样品颜色较深，影响终点判断，应该如何合理地进行样品的前处理呢？

≫ 任务 7-7　含乳饮料脂肪的测定

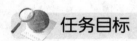 **任务目标**

（1）知道含乳饮料脂肪测定的技术原理。

（2）能够对含乳饮料中的脂肪进行操作测定，包括脂肪瓶恒重、样品称量与测定、粗脂肪含量计算等。

 知识准备（参考 GB/T5009.6—2003《食品中脂肪的测定》）

1．原理

试样用无水乙醚或石油醚等溶剂抽提后，蒸去溶剂所得的物质，称为粗脂肪。因为除脂肪外，还含色素及挥发油、蜡、树脂等物。抽提法所测得的脂肪为游离脂肪。

2．试剂

石油醚（沸程 $30\sim60℃$）、无水乙醚（不含过氧化物的分析纯）、海砂、含乳饮料。

3．仪器

分析天平（感量为 0.000 1g）、电热鼓风干燥箱（可控温度）、恒温水浴锅（可调温）、索氏提取器（含 2 个脂肪瓶）、称量皿、滤纸、脱脂棉花、脂肪瓶、滤纸筒、玻璃棒、磨砂玻璃、脱脂滤纸。

4．分析步骤

（1）脂肪瓶恒重

1）将脂肪瓶清洗干净。

2）启动电热鼓风干燥箱电源开关，把已洗净的脂肪瓶置于其中，关好电热鼓风干燥箱，温度设置到103℃±2℃，干燥至恒重。

3）恒重时前后两次质量相差不超过2mg。两次恒重值在最后计算中，取最后一次的称量值。

（2）样品称量与脂肪提取

1）用洁净的蒸发皿称取液体样品约5g（精确至0.001g），加入20克海砂于沸水浴上蒸干，103±2℃干燥，研细，全部移入滤纸筒内。

2）蒸发皿及附有试样的玻璃棒均用占有乙醚的脱脂棉擦净并将棉花放入滤纸筒内。

3）将干燥后盛有样品的滤纸筒放入索氏提取器内，连接已干燥至恒重的脂肪瓶，安装好提取设备，注入无水乙醚或石油醚至虹吸管高度以上，待提取液流净后，再加提取液至虹吸管高度的三分之一处。连接回流冷凝管，将脂肪瓶放在水浴锅上加热，用少量脱脂棉塞入冷凝管上口。

4）水浴温度应控制在提取液每6~8min回流一次。提取结束时，用磨砂玻璃接取一滴提取液，磨砂玻璃上无油斑表明提取完毕。

5）提取完毕后，回收提取液，取下脂肪瓶，在水浴上蒸干并除尽残余的无水乙醚或石油醚，用脱脂滤纸擦净脂肪瓶外部，在103℃±2℃的电热鼓风干燥箱内干燥1h，取出，置于干燥器内冷却至室温，称重，重复干燥0.5h的操作，冷却，称重，直至前后两次称重之差不超过0.002g。两次恒重值在最后计算中，取最后一次的称量值。

5．分析结果的表述

样品中脂肪测定的计算公式为

$$X = \frac{m_1 - m_0}{m_2} \times 100$$

式中　X——样品中粗脂肪的含量（g/100g）；

　　m_1——脂肪瓶和粗脂肪的质量（g）；

　　m_0——脂肪瓶的质量（g）；

　　m_2——样品的质量（g）。

6．允许差

计算结果表示到小数点后一位，在重复性条件下获得的两次独立测定结果的绝对差值不得超过算术平均值的5%。

 **任务实施**

1．试剂

试　剂　单					
序　　号	名　称	规　格	配　制　量	配　制　方　法	备　注
1					
2					
3					
4					
5					

2．仪器

	仪器和设备单			
序　号	名　称	规　格	数　量	备　注
1				
2				
3				
4				
5				

3．样品处理方法和步骤

4．样品测定方法和步骤

5．数据记录及计算

含乳饮料脂肪的测定　检验原始记录

检验报告编号：

样品名称		样品的其他信息（生产的批号、日期等）	
检验依据		仪器名称及编号	
试剂来源		检验日期	
检验人		校核人	

测定结果	项　目	$1^{\#}$	$2^{\#}$
	脂肪瓶质量 m_0/g		
	脂肪瓶和粗脂肪质量 m_1/g		
	样品质量 m_2/g		
	粗脂肪含量/（g/100g）		
	粗脂肪含量平均值/（g/100g）		
	极差与平均值之比（%）		

产品合格指标		结果判断	

任务评价

任务考核评价表

评价项目	评价标准	评价方式			权 重	得分小计	总 分
		自我评价 0.1	小组评价 0.4	教师评价 0.5			
职业素质	1. 遵守实验室管理规定，严格操作程序 2. 按时完成学习任务 3. 学习积极主动、勤学好问				0.2		
专业能力	1. 会含乳饮料脂肪的测定方法，能测定样品的脂肪含量 2. 操作规范 3. 实验结果准确且精确度高 4. 数据处理正确				0.6		
与人协作能力	1. 能主动与小组成员沟通，主动承担任务 2. 发挥团队精神，互补互助				0.2		
指导教师综合评价							

考考你

1. 请说明索氏抽提装置的工作原理，并举出生活中与之类似的现象。

2. 使用乙醚或石油醚对茶叶或咖啡豆进行提取，提取物里包含哪些物质？

>>> 任务 7-8 果汁饮料中还原糖的测定

任务目标

（1）明白直接滴定法测定还原糖的原理。

（2）学会直接滴定法测定果汁中还原糖的操作技术，包括试剂的配制和标定、试样的制备、试样滴定及还原糖含量的计算等。

知识准备（参考 GB/T 5009.7—2008《食品中还原糖的测定》）

1. 原理

试样除去蛋白质后，在加热条件下，以亚甲蓝作指示剂，滴定标定过的碱性酒石酸铜溶液（用还原糖标准溶液标定），根据样品液消耗体积计算还原糖含量。

2. 试剂

（1）葡萄糖标准溶液：称取 1g（精确至 0.000 1g）经过 98～100℃干燥 2h 的葡萄糖，加水溶解后，加入 5mL 盐酸，并以水稀释至 1 000mL。此溶液每毫升相当于 1.0mg 葡萄糖。

（2）碱性酒石酸铜甲液：称取 15g 硫酸铜（$CuSO_4 \cdot 5H_2O$）及 0.05g 亚甲蓝，溶于水中并稀释至 1 000mL。

（3）碱性酒石酸铜乙液：称取 50g 酒石酸钾钠，75g 氢氧化钠，溶于水中，再加入 4g 亚铁氰化钾，完全溶解后，用水稀释至 1 000mL，贮存于橡胶塞玻璃瓶内。

（4）市售果汁饮料。

3. 仪器

酸式滴定管（25.00mL）、三角瓶、容量瓶（100mL）、吸量管（5mL\10mL）、烧杯、玻璃棒、洗耳球、电炉、铁架台等。

4. 分析步骤

（1）试样处理

碳酸类饮料：称取约 100g 混匀后的试样，精确至 0.01g，试样置蒸发皿中，在水浴上微热搅拌，除去二氧化碳后，移入 250mL 容量瓶中，并用水洗涤蒸发皿，洗液并入容量瓶中，再加水至刻度，混匀后备用。

不含碳酸类饮料：称取约 100g 混匀后的试样，精确至 0.01g，移入 250mL 容量瓶中，加水至刻度，混匀后备用。

（2）标定碱性酒石酸铜溶液

吸取 5.0mL 碱性酒石酸铜甲液及 5.0mL 碱性酒石酸铜乙液，置于 150mL 锥形瓶中，加水 10mL，加入玻璃珠 2 粒，从滴定管滴加约 9mL 葡萄糖标准溶液，控制在 2min 内加热至沸，趁热以 1 滴/2s 的速度继续滴加葡萄糖或其他还原糖标准溶液，直至溶液蓝色刚好褪去为终点，记录消耗葡萄糖或其他还原糖标准溶液的总体积，同时平行操作三份，取其平均值，计算每 10mL（甲、乙液各 5mL）碱性酒石酸铜溶液相当于葡萄糖的质量（mg）。

（3）试样溶液预测

吸取 5.0mL 碱性酒石酸铜甲液及 5.0mL 碱性酒石酸铜乙液，置于 150mL 锥形瓶中，加水 10mL，加入玻璃珠 2 粒，控制在 2min 内加热至沸，保持沸腾，以先快后慢的速度，从滴定管中滴加试样溶液，并保持溶液沸腾状态，待溶液颜色变浅时，以 1 滴/2s 的速度滴定，直至溶液蓝色刚好褪去为终点，记录样液消耗体积。

（4）试样溶液测定

吸取 5.0mL 碱性酒石酸铜甲液及 5.0mL 碱性酒石酸铜乙液，置于 150mL 锥形瓶中，加水 10mL, 加入玻璃珠 2 粒, 从滴定管滴加比预测体积少 1mL 的试样溶液至锥形瓶中, 使在 2min 内加热至沸腾, 保持沸腾继续以 1 滴/2s 的速度滴定, 直至蓝色刚好褪去为终点, 记录样液消耗体积, 同法平行操作三份, 得出平均消耗体积。

5. 分析结果表述

（1）费林溶液（碱性酒石酸铜甲、乙液）标定计算

费林试剂甲、乙液各 5mL 相当于葡萄糖克数的计算公式为

$$m_1 = V_1 \times m_2$$

式中 m_1 —— 费林试剂甲、乙液各 5mL 相当于葡萄糖的质量（mg）；

m_2 —— 葡萄糖标准溶液的浓度（mg/mL）；

V_1 —— 消耗葡萄糖标准溶液的总体积（mL）。

（2）果汁中还原糖含量的计算公式为

$$X = \frac{m_1}{m \times V / 250 \times 1000} \times 100$$

式中 X —— 果汁中还原糖的含量（以某种还原糖计）（g/100g）；

m_1 —— 碱性酒石酸铜溶液（甲、乙液各半）相当于某种还原糖的质量（mg）；

m —— 果汁试样的质量（g）；

V —— 测定时平均消耗试样溶液体积（mL）。

6. 允许差

所得结果应表示至一位小数。在重复条件下获得两次独立测定结果之绝对差不得超过平均值的 2%。

 **任务实施**

1. 试剂

试 剂 单					
序 号	名 称	规 格	配 制 量	配 制 方 法	备 注
1					
2					
3					
4					
5					

2. 仪器

仪器和设备单				
序 号	名 称	规 格	数 量	备 注
1				
2				
3				
4				
5				

3. 样品处理方法和步骤

4. 样品测定方法和步骤

5. 数据记录及计算

果汁饮料还原糖的测定 检验原始记录

检验报告编号：

样品名称		样品的其他信息（生产的批号、日期等）	
检验依据		仪器名称及编号	
试剂来源		检验日期	
检验人		校核人	

测定结果	项　　目	1#	2#	3#
	标准葡萄糖溶液浓度 m_2/（mg/mL）			
	标定消耗葡萄糖标准溶液体积 V_1/mL			
	10mL 费林试剂相当于葡萄糖的质量 m_1/mg			
	果汁样品的质量 m/g			
	测定消耗葡萄糖标准溶液平均体积 V/mL			
	计算公式	$X = \dfrac{m_1}{m \times V / 250 \times 1000} \times 100$		
	果汁还原糖的含量 X/（g/mL）			
	极差与平均值之比（%）	平均值/（g/100g）		

产品合格指标		结果判断	

 任务评价

任务考核评价表

评价项目	评价标准	评价方式			权　　重	得分小计	总　　分
		自我评价	小组评价	教师评价			
		0.1	0.4	0.5			
职业素质	1. 遵守实验室管理规定，严格操作程序 2. 按时完成学习任务 3. 学习积极主动、勤学好问				0.2		
专业能力	1. 会食品中还原糖的测定方法，能测定样品的还原糖含量 2. 操作规范 3. 实验结果准确且精确度高 4. 数据处理正确				0.6		
与人协作能力	1. 能主动与小组成员沟通，主动承担任务 2. 发挥团队精神，互补互助				0.2		
指导教师综合评价							

考考你

1. 本次实验的计算结果的保留值上，应该确定为小数点后多少位？为什么？

2. 如果在滴定过程中动作太慢，或滴定间断未能按时完成，将会对结果造成什么样的误差？

3. 进行平行试验的目的是什么？

>>> 任务 7-9　蛋白质的测定

蛋白质是生命的物质基础，没有蛋白质就没有生命。正常人体中蛋白质约占体重的 16%～19%，它是人体酶、运输载体、抗体、激素、肌腱、韧带、头发、指甲等的组成成分。对人的健康来说，蛋白质特别重要。

测定蛋白质含量利于企业和个人了解食品营养价值，保证人体的营养需要。掌握食物营养价值和品质变化，对合理利用食品资源具有重要意义，为生产和加工等提供相关的数据。

在生产饮料的企业中，饮料检验人员在取得待检样品后，应对样品进行蛋白质含量的测定。测定的简要流程为：准备仪器、工具和试剂→样品吸取→消化→蒸馏→滴定→记录和数据处理。当样品测定任务完毕后，检验人员判断产品质量并向上级主管反馈检验结果。

任务目标

（1）会安装、使用和清洗凯氏定氮装置。
（2）会安装、安全使用消化装置。
（3）会配制所需的溶液和指示剂。
（4）会对原料进行预处理。
（5）会利用凯氏定氮法测定饮料中蛋白质含量，包括样品的消化处理、蒸馏、滴定及蛋白质含量计算等。

知识准备（参考 GB 5009.5—2010《食品安全国家标准　食品中蛋白质的测定》）

1．原理

蛋白质是含氮的有机化合物。首先食品与硫酸及催化剂一同加热消化，使蛋白质分解，分解的氨与硫酸结合生成硫酸铵；然后碱化蒸馏使氨游离，用硼酸吸收后再以硫酸或盐酸标准溶液滴定；根据酸的消耗量乘以换算系数，得出的结果即为蛋白质含量。

2．试剂

硫酸铜、硫酸钾、浓硫酸、2%硼酸溶液、混合指示液（1 份 0.1%甲基红乙醇溶液与 5 份 0.1%溴甲酚绿乙醇溶液临用时混合，也可用 2 份 0.1%甲基红乙醇溶液与 1 份 0.1%次甲基蓝乙醇溶液临用时混合）、40%氢氧化钠溶液、0.05N 硫酸标准溶液或 0.05N 盐酸标准溶液。

注意：所有试剂均用不含氨的蒸馏水配制。

3．仪器

凯氏定氮装置、消化装置、酸式滴定管、天平（感量为 1mg）、万用电炉、石棉网、容量瓶。

4．分析步骤

（1）样品处理：精确称取 0.2～2.0g 固体样品或 2～5g 半固体样品或吸取 10～20mL 液体样品（相当于 30～40mg 氮），移入干燥的 100mL 或 500mL 定氮瓶中，加入 0.2g 硫酸铜、

6g 硫酸钾及 20mL 硫酸，稍摇匀后于瓶口放一小漏斗，将瓶以 45°角斜支于有小孔的石棉网上。小心加热，待内容物全部炭化，泡沫完全停止后，加强火力，并保持瓶内液体微沸，至液体呈蓝绿色澄清透明后，再继续加热 0.5～1h。取下放冷，小心加 20mL 水。放冷后，移入 100mL 容量瓶中，并用少量水洗定氮瓶，洗液并入容量瓶中，再加水至刻度，混匀备用。取与处理样品相同量的硫酸铜、硫酸钾、硫酸按同一方法做试剂空白试验。

（2）定氮装置的安装：装好定氮装置，于水蒸气发生器内装水至约 2/3 处。

（3）蒸馏与滴定：向接收瓶内加入 10mL 2%硼酸溶液及混合指示液 1 滴，并使冷凝管的下端插入液面下，吸取 10.0mL 样品消化稀释液由小玻璃杯流入反应室，并以 10mL 水洗涤小烧杯使流入反应室内，塞紧小玻璃杯的棒状玻璃塞。将 10mL 40%氢氧化钠溶液倒入小玻璃杯，提起玻璃塞使其缓缓流入反应室，随后将玻璃塞盖紧，并加水于小玻璃杯以防漏气。夹紧螺旋夹，开始蒸馏。蒸气通入反应室使氨通过冷凝管而进入接收瓶内，蒸馏 5min。移动接受瓶，使冷凝管下端离开液面，再蒸馏 1min。然后用少量水冲洗冷凝管下端外部。取下接收瓶，以 0.05N 硫酸或 0.05N 盐酸标准溶液滴定至蓝绿色变为酒红色，即为终点。

同时吸取 10.0mL 试剂空白消化液按照蒸馏与滴定的步骤进行操作。

5．分析结果表述

试样中蛋白质含量的计算公式为

$$X = \frac{(V_1 - V_2) \times c \times 0.014}{m \times \dfrac{10}{100}} \times F \times 100$$

式中　X——样品中蛋白质的含量（%）；

　　　V_1——样品消耗硫酸或盐酸标准液的体积（mL）；

　　　V_2——试剂空白消耗硫酸或盐酸标准液的体积（mL）；

　　　c——硫酸或盐酸标准溶液的当量浓度；

　0.014——1N 硫酸或盐酸标准溶液 1mL 相当于氮的质量；

　　　m——样品的质量（体积）（g/mL）；

　　　F——氮换算为蛋白质的系数。蛋白质中的氮含量一般为 15%～17.6%，一般食物为 6.25，乳制品为 6.38，面粉为 5.70，玉米、高粱为 6.24，花生为 5.46，米为 5.95，大豆及其制品为 5.71，肉与肉制品为 6.25，大麦、小米、燕麦、裸麦为 5.83，芝麻、向日葵为 5.30。

 **任务实施**

1．试剂

试 剂 单					
序　号	名　称	规　格	配 制 量	配 制 方 法	备　注
1					
2					
3					
4					
5					

2．仪器

	仪器和设备单			
序　号	名　　称	规　　格	数　　量	备　注
1				
2				
3				
4				
5				

3．样品处理方法和步骤

....

....

....

....

4．样品测定方法和步骤

....

....

....

....

5．数据记录和计算

（1）蛋白质含量测定

盐酸标准溶液浓度 c = ＿＿＿＿＿＿＿＿mol/L

项　　目	1#	2#	空　白
试样质量或体积/mL			
消耗盐酸标准滴定液的体积 V_1、V_2/mL			
吸取消化液的体积 V_3/mL			
试样中蛋白质含量 X/（g/100mL）			
极差与平均值之比（%）		平均值/（g/100mL）	

说明：

① 蛋白质含量≥1g/100g 时，结果保留三位有效数字；蛋白质含量＜1g/100g 时，结果保留两位有效数字。

② 精密度：在重复性条件下获得的两次独立测定结果的绝对差值不得超过算术平均数的10%。

③ 试样中蛋白质含量的计算

$$X = \frac{(V_1 - V_2) \times c \times 0.0140}{m \times V_3 / 100} \times F \times 100$$

式中　X——试样中蛋白质的含量（g/100g）；

　　　V_1——试液消耗盐酸标准滴定液的体积（mL）；

V_2——试剂空白消耗盐酸标准滴定液的体积（mL）；

V_3——吸取消化液的体积（mL）；

c——盐酸标准滴定溶液浓度（mol/L）；

0.0140——1.0mL 盐酸[c（HCl）=1.000 mol/L]标准滴定溶液相当的氮的质量（g）；

m——试样的质量/体积（mL）；

F——氮换算为蛋白质的系数，为 6.25。

（2）样品检验

蛋白质的测定检验原始记录

检验报告编号：

样品名称			样品的其他信息（生产的批号、日期等）		
检验依据			仪器名称及编号		
试剂来源			检验日期		
检验人			校核人		
测定结果	测　定		1		2
	吸取消化液的体积 V_3/mL				
	消耗盐酸标准滴定液的体积 V_1/mL				
	空白消耗盐酸标准滴定液的体积 V_2/mL				
	试样质量 m/g				
	计算公式		$X = \dfrac{(V_1 - V_2) \times c \times 0.0140}{m \times V_3 / 100} \times F \times 100$		
	试样中蛋白质含量 X/（g/100mL）				
	平均值/（g/100mL）		测定结果的绝对差值		
产品合格指标			结果判断		

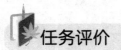
任务评价

任务考核评价表

评价项目	评价标准	评 价 方 式			权　重	得分小计	总　　分
		自我评价	小组评价	教师评价			
		0.1	0.4	0.5			
职业素质	1. 遵守实验室管理规定，严格操作程序 2. 按时完成学习任务 3. 学习积极主动、勤学好问				0.2		
专业能力	1. 会食品中蛋白质的测定方法，能测定样品的蛋白质含量 2. 实验操作规范 3. 实验结果准确且精密度高 4. 数据处理正确				0.6		
与人协作能力	1. 能主动与小组成员沟通，主动承担任务 2. 发挥团队精神，互补互助				0.2		
指导教师综合评价							

考考你

1. 为什么要测定食品中的蛋白质？

---

2. 测定蛋白质含量的方法有哪些？各有什么优缺点？（注：可借助网络资料回答该问题）

---

3. 叙述凯氏定氮法的操作步骤。

---

4. 用凯氏定氮法测定时，有何注意事项？

>>> 任务 7-10 菌落总数的测定

菌落总数作为判定食品被污染程度的主要标志，也可以应用这一方法观察细菌对食品被污染程度的标志，也可以应用这一方法观察细菌在食品中繁殖的状态，以便对被检样品进行卫生学评价时提供依据。

菌落总数的测定是饮料出厂检测的必检项目之一。饮料检验人员在取得待检样品后，根据国家标准，开展菌落总数的测定工作。测定的简要流程为：材料准备→样品稀释→倾注平皿→恒温培养→菌落计数→报告。当样品测定任务完毕后，检验人员判断产品质量并向上级主管反馈检验结果。

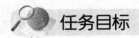 **任务目标**

（1）掌握食品样品的采集方法。
（2）掌握食品样品平板计数的方法。
（3）掌握食品中菌落总数的测定流程。
（4）掌握食品细菌学检测方法。
（5）培养良好的沟通能力和良好的团结合作意识、高度的工作责任心、诚信品格和遵纪守法意识。

 知识准备（参考 GB 4789.2—2010）《食品安全国家标准 食品微生物学检验 菌落总数测定》

1. 术语——菌落总数

菌落总数就是指在一定条件下（如需氧情况、营养条件、pH、培养温度和时间等），每克（每毫升）检样所生长出来的细菌菌落总数。这一定的条件即为在需氧情况下，在 36℃下，在普通营养琼脂平板上培养 48h。所以，厌氧或微需氧菌、有特殊营养要求的以及非嗜中温的细菌，由于现有条件不能满足其生理需求，故难以繁殖生长。因此，菌落总数并不表示实际中的所有细菌总数。菌落总数并不能区分其中细菌的种类，所以有时被称为杂菌数、需氧菌数等。

2. 培养基和试剂

（1）营养琼脂培养基

成分：胰蛋白胨 5.0g、酵母浸膏 2.5g、葡萄糖 1.0g、琼脂 15.0g、蒸馏水 1 000mL。

制法：将上述各成分加于蒸馏水中，煮沸溶解，调节 pH7.0±0.2 分装试管或锥形瓶，121℃高压灭菌 15min。

（2）磷酸盐缓冲溶液

成分：磷酸二氢钾（KH_2PO_4）34.0g、蒸馏水 500mL。

贮存液制法：称取 34.0g 的磷酸二氢钾溶于 500mL 蒸馏水中，用大约 175mL 的 1mol/L氢氧化钠溶液调节 pH 至 7.2，用蒸馏水稀释至 1 000mL 后贮存于冰箱。

稀释液制法：取贮存液 1.25mL，用蒸馏水稀释至 1 000mL，分装于适宜容器中，121℃高压灭菌 15min。

（3）无菌生理盐水

成分：氯化钠 8.5g、蒸馏水 1 000mL。

制法：称取 8.5g 氯化钠溶于 1 000mL 蒸馏水中，121℃高压灭菌 15min。

3. 仪器

仪器冰箱（2～5℃）、恒温培养箱（36℃±1℃）、恒温水浴锅 46℃±1℃、均质器、振荡器、天平（精度为 0.1g）、菌落计数器或放大镜。

4．分析步骤

（1）样品的稀释

1）固体和半固体样品：称取 25g 样品置于盛有 225mL 磷酸盐缓冲液或生理盐水的无菌均质杯内，以 8 000～10 000r/min 均质 1～2min，或放入盛有 225mL 稀释液的无菌均质袋中，用拍击式均质器拍打 1～2min，制成 1:10 的样品匀液。

2）液体样品：以无菌吸管吸取 25mL 样品置于盛有 225mL 磷酸盐缓冲液或生理盐水的无菌锥形瓶（瓶内预置适当数量的无菌玻璃珠）中，充分混匀，制成 1:10 的样品匀液。

3）样品的稀释：用 1mL 无菌吸管吸取 1:10 样品匀液 1mL，沿管壁缓慢注入盛有 9mL 稀释液的无菌试管中（注意吸管或吸头尖端不要触及稀释液面），震摇试管或换用一支无菌吸管反复吹打使其混合均匀，制成 1:100 的样品匀液。

4）按"样品的稀释"的操作程序，制备 10 倍递增系列稀释样品匀液。每递增稀释一次，更换一次无菌吸管或吸头。

5）根据对样品污染状况的估计，选择 3 个适宜稀释的样品匀液（液体样品可包括原液）。在进行 10 倍递增稀释时，吸取 1mL 样品匀液于无菌平皿内，每个稀释度做 2 个平皿。同时，分别吸取 1mL 空白稀释液加入 2 个无菌平皿内空白对照。

6）及时将 15～20mL 冷却至 46℃的平板计数琼脂培养基（可放置于 46℃±1℃恒温水浴箱中保温）倾注于平皿，并转动平皿使其混合均匀。倾注培养基图如图 7-3 所示。

（2）培养

1）待琼脂凝固后，将平板翻转，36℃±2℃培养 48h±2h。水产品 30℃±1℃培养 72h±3h。

2）如果样品中可能含有在琼脂表面弥漫生长的菌落时，可在凝固后琼脂表面覆盖一薄层琼脂培养基（约 4mL），凝固后翻转平板按 36℃±2℃培养 48h±2h 的条件培养。恒温培养后的培养皿如图 7-4 所示。

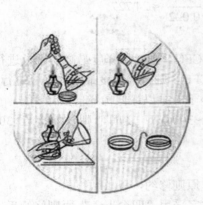

图 7-3　倾注琼脂培养基

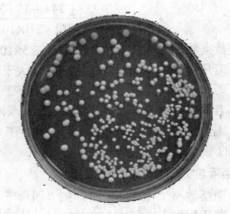

图 7-4　恒温培养后的培养皿

（3）菌落计数

可用肉眼观察，必要时用放大镜或菌落计数器，记录稀释倍数和相应的菌落数量。菌落计数以菌落形成单位（Colony-Forming Units，CFU）表示。

1）选取菌落数在 30～300CFU，无蔓延菌落生长的平板计数菌落总数。低于 30CFU 的平板记录具体菌落数，大于 300CFU 的记录为"多不可计"。每个稀释度的菌落数应采用两个平板的平均值。

2）其中一个平板有较大片状菌落生长时，则不宜采用，而应以无片状菌落生长的平板作为该稀释度的菌落总数；如片状菌落不到平板一半，而其余一半中菌落分布又很均匀，即可计算半个平板后乘以 2，代表一个平板菌落数。

3）当平板上出现菌落间无明显界线的链状生长时，则将每条单链作为一个菌落计数。

5．结果与报告

（1）若只有一个稀释度平板上的菌落数在适宜计数范围内，计算两个平板菌落数的平均值，再将平均值乘以相应的稀释倍数，作为每克（毫升）样品中菌落总数结果。

（2）若有两个连续稀释度的平板菌落数在适宜计数范围内时，按以下公式计算：

$$N = \sum C / (n_1 + 0.1n_2) d$$

式中　N——样品中菌落数；

$\sum C$——平板（含适宜范围菌落数的平板）菌落数之和；

n_1——第一个稀释度（低稀释倍数）平板个数；

n_2——第二个稀释度（高稀释倍数）平板个数；

d——稀释因子（第一个稀释度）。

示例：

稀释度	1:100（第一稀释度）	1:1 000（第二稀释度）
菌落数/CFU	232，244	33，35

$$N = \sum C / (n_1 + 0.1n_2) d$$

$$= \frac{232 + 244 + 33 + 35}{[2 + (0.1 \times 2)] \times 10^{-2}} = \frac{544}{0.022} \approx 24\,727$$

上述数据修约后，表示为 25 000 或 2.5×10^4。

（3）若所有稀释度的平板上菌落数均大于 300CFU，则对稀释度最高的平板进行计数。

（4）若所有稀释度的平板上菌落数均小于 30CFU，则对稀释度最低的平板进行计数。

（5）若所有稀释度平板均无菌落生长，则以小于 1 乘以最低稀释倍数计算。

（6）若所有稀释度的平均菌落数均不在 30～300CFU 之间，则以最接近 30CFU 或 300CFU 的平均菌落数乘以稀释倍数计算。

6．菌落总数的报告

（1）菌落数小于 100CFU 时，按"四舍五入"原则修约，以整数报告。

（2）菌落数大于或等于 100CFU 时，第三位数字采用"四舍五入"原则修约后，取前两位数字，后面用 0 代替位数；也可用 10 的指数形式来表示，按"四舍五入"原则修约后，采用两位有效数字。

（3）若所有平板上为蔓延菌落而无法计数，则报告菌落蔓延。

（4）若空白对照上有菌落生长，则此次检测结果无效。

（5）称重取样以 CFU/g 为单位报告，体积取样以 CFU/mL 为单位报告。

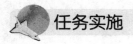 **任务实施**

1. 试剂

试 剂 单					
序 号	名 称	规 格	配 制 量	配 制 方 法	备 注
1					
2					
3					
4					
5					

2. 仪器

仪器和设备单				
序 号	名 称	规 格	数 量	备 注
1				
2				
3				
4				
5				

3. 样品处理方法和步骤

4. 样品测定方法和步骤

5. 数据记录和计算

（1）菌落总数的测定

将各平皿菌落数填入下表，并进行计算：

稀释度	10^{-1}		10^{-2}		10^{-3}		空白	
平皿	①	②	①	②	①	②	①	②
菌落数								
平均值								
菌落总数/（CFU/mL）								

（2）样品检验

样品名称：   品　　种：
生产日期：   规　　格：
样品数量：   批　　量：
温　度/℃：   样品状态：

菌 落 总 数

检 验 依 据	GB 4789.2—2010		检 验 时 间		报 告 时 间	
检验仪器 名称、型号	□ 洁净间		□ 生物安全柜		□ 均质器	
	□ 不锈钢立式灭菌消毒器		□ 隔水式恒温培养箱		□ 双目生物显微镜	

温度监 控记录	时间						
	温度/℃						
稀释度	原液	10^{-1}	10^{-2}	10^{-3}	10^{-4}	空白	检验结果/ （CFU/mL）
菌落数							
平均数							
标准值/（CFU/mL）				单项判定			

任务评价

任务考核评价表

评价项目	评价标准	评价方式			权　重	得分小计	总　分
		自我评价	小组评价	教师评价			
		0.1	0.4	0.5			
职业素质	1. 遵守实验室管理规定，严格操作程序 2. 按时完成学习任务 3. 学习积极主动、勤学好问				0.2		
专业能力	1. 会准备材料、采样、稀释、倾注培养 2. 会无菌操作 3. 数据处理正确				0.6		
与人协作 能力	1. 能主动与小组成员沟通，主动承担任务 2. 发挥团队精神，互补互助				0.2		
指导教师 综合评价							

专业能力的自我评价考核表

序　号	考核内容	考核要点	配分	评分标准	得　分
1	材料准备	玻璃器皿，培养基的数量，包扎，灭菌	10	材料准备齐全，包扎娴熟，灭菌操作正确	
2	采样，样品稀释	样品处理，样品稀释	20	能够说出本组样品的采样方法，处理样品、稀释样品的规范	
3	倾注培养	倾注操作，培养条件	20	能够正确倾注，培养条件符合标准	
4	无菌操作	空白对照	20	空白对照无菌	
5	菌落计数	菌落计数方法	20	能正确判断菌落并准确计数	
6	结果报告	编写实验报告	10	能规范准确报告数据	
	合　计		100		

考考你

1. 简述细菌的菌落特征。

2. 细菌的最适 pH 值是多少？

3. 细菌的最适生长温度是多少？

4. 测定菌落总数所需的培养基有哪些？

5. 为什么熔化后的培养基要冷却至 46℃左右才能将培养基倾注于平皿？

6. 若使平板菌落计数准确，需要掌握哪几个关键点？为什么？

>>> 任务 7-11　大肠菌群计数

　　大肠菌群分布较广，在温血动物粪便和自然界广泛存在。调查研究表明，大肠菌群细菌多存在于温血动物粪便、人类经常活动的场所以及有粪便污染的地方，人、畜粪便对外界环境的污染是大肠菌群在自然界存在的主要原因。粪便中多以典型大肠杆菌为主，而外界环境中其他型大肠菌群比较多。

　　大肠菌群是作为粪便污染指标菌提出来的，主要是以该菌群的检出情况来表示食品中有无粪便污染。大肠菌群数的高低，表明了粪便污染的程度大小，也反映了对人体健康危害性的大小。粪便是人类肠道排泄物，其中有健康人粪便，也有肠道患者或带菌者的粪便，所以粪便内除一般正常细菌外，同时也会有一些肠道致病菌存在（如沙门氏菌、志贺氏菌等）。因而食品中被粪便污染，则可以推测该食品中存在着肠道致病菌污染的可能性，潜伏着食物中毒和流行病的威胁，必须将其看作对人体健康具有潜在的危险性。

　　大肠菌群是评价食品卫生质量的重要指标之一，目前大肠菌群计数已被国内外广泛应用于食品卫生工作。

 任务目标

　　（1）掌握食品样品的采集方法。
　　（2）学会使用相关的仪器设备，包括高压蒸汽灭菌锅、水浴锅、恒温培养箱等。
　　（3）掌握食品中大肠菌群的测定流程。
　　（4）掌握食品发酵管的判断标准。
　　（5）掌握无菌操作的技术。
　　（6）培养良好的沟通能力和良好的团结合作意识、高度的工作责任心、诚信品质和遵纪守法意识。

 知识准备（参考 GB 4789.3—2010《食品安全国家标准　食品微生物学检验　大肠菌群计数》）

1. 术语—大肠菌群

　　大肠菌群是指需氧及兼性厌氧、在 37℃能分解乳糖产酸产气的革兰氏阴性无芽孢杆菌。一般认为该菌群细菌可包括大肠埃希氏菌、柠檬酸杆菌、产气克雷白氏菌和阴沟肠杆菌等。

2．培养基和试剂

（1）月桂基硫酸盐胰蛋白胨（LST）肉汤

成分：胰蛋白胨或胰酪胨 20.0g、氯化钠 5.0g、乳糖 5.0g、磷酸氢二钾（K_2HPO_4）2.75g、磷酸二氢钾（KH_2PO_4）2.75g、月桂基硫酸钠 0.1g、蒸馏水 1 000mL，调配后的培养基的 pH 值为 pH6.8±0.2。

制法：将上述成分溶解于蒸馏水中，调节 pH。分装到有玻璃小倒管的试管中，每管 10mL。121℃高压灭菌 15min。

（2）煌绿乳糖胆盐（BGLB）肉汤

成分：蛋白胨 10.0g、乳糖 10.0g、牛胆粉（oxgall 或 oxbile）溶液 200mL、0.1%煌绿水溶液 13.3mL、蒸馏水 800mL，调配后的培养基的 pH 值为 pH7.2±0.1。

制法：将蛋白胨、乳糖溶于约 500mL 蒸馏水中，加入牛胆粉溶液 200mL（将 20.0g 脱水牛胆粉溶于 200mL 蒸馏水中，调节 pH 至 7.0～7.5），用蒸馏水稀释到 975mL，调节 pH，再加入 0.1%煌绿水溶液 13.3mL，用蒸馏水补足到 1 000mL，用棉花过滤后，分装到有玻璃小倒管的试管中，每管 10mL。121℃高压灭菌 15min。

（3）无菌生理盐水

成分：氯化钠 8.5g、蒸馏水 1 000mL。

制法：称取 8.5g 氯化钠，溶于 1 000mL 蒸馏水中，121℃高压灭菌 15min。

（4）结晶紫中性红胆盐琼脂（VRBA）

成分：蛋白胨 7.0g、酵母膏 3.0g、乳糖 10.0g、氯化钠 5.0g、胆盐或 3 号胆盐 1.5g、中性红 0.03g、结晶紫 0.002g、琼脂 15～18g、蒸馏水 1 000mL，调配后的培养基的 pH 值为 pH7.4±0.1。

制法：将上述成分溶于蒸馏水中，静置几分钟，充分搅拌，调节 pH。煮沸 2min，将培养基冷却至 45～50℃倾注平板。使用前临时制备，不得超过 3h。

（5）1 mol/L NaOH

成分：NaOH 40.0g，蒸馏水 1 000mL

制法：称取 40g 氢氧化钠溶于 1 000mL 蒸馏水中，121℃高压灭菌 15min。

（6）1 mol/L HCl

成分：HCl 90mL，蒸馏水 1 000mL

制法：移取浓盐酸 90mL，用蒸馏水稀释至 1 000mL，121℃高压灭菌 15min。

3．仪器：

仪器冰箱（2～5℃）、恒温培养箱（36℃±1℃）、恒温水浴锅（46℃±1℃）、恒温干燥箱、振荡器、天平（精度为 0.1g）、菌落计数器、pH 试纸。

4．操作方法

（1）样品的稀释

1）液体样品　以无菌吸管吸取 25mL 样品置于盛有 225mL 生理盐水的无菌锥形瓶（瓶内预置适当数量的无菌玻璃珠）中，充分混匀，制成 1:10 的样品匀液。

2）样品匀液的 pH 值在 6.5～7.5 间，必要时分别用 1mol/L NaOH 或者 1mol/L HCL 调节。

3）样品的稀释：用 1mL 无菌吸管吸取 1:10 样品匀液 1mL，沿管壁缓慢注入盛有 9mL

稀释液的无菌试管中（注意吸管或吸头尖端不要触及稀释液面），震摇试管或换用一支无菌吸管反复吹打使其混合均匀，制成1:100的样品匀液。

4）按"样品的稀释"的操作程序，制备10倍系列递增稀释样品匀液。每递增稀释一次，更换一次无菌吸管或吸头。整个过程不超过15min。

（2）初发酵试验

每个样品选择3个适宜的连续稀释度的样品匀液（液体样品可以选择原液），每个稀释度接种3管月桂基硫酸盐胰蛋白胨（LST）肉汤，每管接种1mL，36℃±1℃培养24h±2h，观察倒管内是否有气泡产生，24h±2h产气者进行复发酵试验，如未产气则继续培养至48h±2h，产气者进行复发酵试验。未产气者为大肠菌群阴性。

（3）复发酵试验

用接种环从产气的LST肉汤管中分别取培养物1环，移种于煌绿乳糖胆盐肉汤（BGLB）管中，36℃±1℃培养48h±2h，观察产气情况。产气者记为大肠菌群阳性管。

5. 结果与报告

按复发酵试验确证的大肠菌群阳性管数，检索MPN表，报告每g（mL）样品中大肠菌群的MPN值。

样　品	稀　释　度		
	10^{-1}	10^{-2}	10^{-3}
阳性管数	3	1	1
查表MPN值	75（见检索表粗体部分）		
结果	75		

6. 检索MPN表

按照阳性管数在表中找到相同的数据即可查出MPN值。

大肠菌群MPN检索表

阳　性　管　数			MPN	95%可信限		阳　性　管　数			MPN	95%可信限	
0.1	0.01	0.001		上限	下限	0.1	0.01	0.001		上限	下限
0	0	0	<3.0	——	9.5	2	2	0	21	4.5	42
0	0	1	3.0	0.15	9.6	2	2	1	28	8.7	94
0	1	0	3.0	0.15	11	2	2	2	35	8.7	94
0	1	1	6.1	1.2	18	2	3	0	29	8.7	94
0	2	0	6.2	1.2	18	2	3	1	36	8.7	94
0	3	0	9.4	3.6	38	3	0	0	23	4.6	94
1	0	0	3.6	0.17	18	3	0	1	38	8.7	110
1	0	1	7.2	1.3	18	3	0	2	64	17	180
1	0	2	11	3.6	38	3	1	0	43	9	180
1	1	0	7.4	1.3	20	3	1	1	**75**	17	200
1	1	1	11	3.6	38	3	1	2	120	37	420

（续）

阳 性 管 数			MPN	95%可信限		阳 性 管 数			MPN	95%可信限	
0.1	0.01	0.001		上限	下限	0.1	0.01	0.001		上限	下限
1	2	0	11	3.6	42	3	1	3	160	40	420
1	2	1	15	4.5	42	3	2	0	93	18	420
1	3	0	16	4.5	42	3	2	1	150	37	420
2	0	0	9.2	1.4	38	3	2	2	210	40	430
2	0	1	14	3.6	42	3	2	3	290	90	1 000
2	0	2	20	4.5	42	3	3	0	240	42	1 000
2	1	0	15	3.7	42	3	3	1	460	90	2 000
2	1	1	20	4.5	42	3	3	2	1 100	180	4 100
2	1	2	27	8.7	94	3	3	3	>1 100	420	——

注：1. 本表采用 3 个稀释度[0.1g（mL）、0.01g（mL）和 0.001g（mL）]，每个稀释度接种 3 管。

2. 表内所列检样量如改用 1g（mL）、0.1g（mL）和 0.01g（mL）时，表内数字应相应降低 10 倍；如改用 0.01g（mL）、0.001g（mL）、0.000 1g（mL）时，则表内数字应相应提高 10 倍，其余类推。

 任务实施

1. 试剂

试 剂 单					
序　号	名　称	规　格	配 制 量	配 制 方 法	备　注
1					
2					
3					
4					
5					

2. 仪器

仪器和设备单				
序　号	名　称	规　格	数　量	备　注
1				
2				
3				
4				
5				

3. 样品处理方法和步骤

4. 样品测定方法和步骤

5. 数据记录和计算

（1）大肠菌群阳性管数记录

稀释度			
阳性管数			

（2）样品检验

样品名称：　　　　　　　　　　　　品　　种：
生产日期：　　　　　　　　　　　　规　　格：
样品数量：　　　　　　　　　　　　批　　量：
温　度℃：　　　　　　　　　　　　样品状态：

大 肠 菌 群

检 验 依 据	□GB 4789.3—2010		检 验 时 间		报 告 时 间		
检验仪器名称、型号	□ 洁净间		□ 生物安全柜		□ 均质器		
	□ 不锈钢立式灭菌消毒器		□ 隔水式恒温培养箱		□ 双目生物显微镜		
温度监控记录	时间						
	温度/℃						
稀释度	LST		BGLB		检验结果/（MPN/100g）	标准值	单项判定
10mL（g）×3							
1mL（g）×3							
0.1mL（g）×3							
0.01mL（g）×3							

备注："+" 表示阳性结果，"−" 表示阴性结果。

任务评价

任务考核评价表

评价项目	评价标准	评价方式			权　重	得分小计	总　　分
		自我评价	小组评价	教师评价			
		0.1	0.4	0.5			
职业素质	1. 遵守实验室管理规定，严格操作程序 2. 按时完成学习任务 3. 学习积极主动、勤学好问				0.2		
专业能力	1. 会大肠菌群计数的测定 2. 无菌操作规范 3. 数据处理正确				0.6		
与人协作能力	1. 能主动与小组成员沟通，主动承担任务 2. 发挥团队精神，互补互助				0.2		
指导教师综合评价							

专业能力的自我评价考核表

·	考 核 内 容	考 核 要 点	配　　分	评 分 标 准	得　　分
1	材料准备	玻璃器皿，培养基的数量，包扎，灭菌	10	材料准备齐全，包扎娴熟，灭菌操作正确	
2	采样，样品稀释	样品处理，样品稀释	20	能够说出本组样品的采样方法，处理样品、稀释样品的规范	
3	接种操作	接种操作，培养条件	20	能够正确接种，培养条件符合标准	
4	无菌操作	空白对照	20	空白对照无菌	
5	产气判断	判断产气情况	20	能正确判断产气管数	
6	结果报告	编写实验报告	10	能规范准确报告数据	
	合　　计		100		

考考你

1．写出测定大肠菌群的意义。

2．大肠菌群有何特点？

3．描述大肠菌群的培养条件。

4．测定大肠菌群所需的培养基有哪些？

>>> 任务 7-12　霉菌和酵母计数

霉菌和酵母广泛分布于自然界，并可作为食品中正常菌相的一部分。长期以来，人们利用某些霉菌和酵母加工一些食品，如用霉菌加工大豆，使其味道鲜美，还可利用霉菌和酵母酿酒、制酱，食品、化学、医药等工业都少不了霉菌和酵母。

但在某些情况下，霉菌和酵母可以破坏食物。有些霉菌能改变某些不利于细菌的生长的环境，而促进致病细菌的生长；有些霉菌能够合成有毒代谢产物——霉菌毒素；有些霉菌和酵母往往使食品表面失去色、香、味。例如：酵母在新鲜的和加工的食品中繁殖，可使食品产生难闻的异味，它还可以使液体发生混浊，产生气泡，形成薄膜，改变颜色及散发不正常的气味等。因此，霉菌和酵母也作为评价食品卫生质量的指示菌，并以霉菌和酵母计数来确定食品被污染的程度。目前，已有若干个国家制订了某些食品的霉菌和酵母限量标准。我国已制订了一些食品中霉菌和酵母的限量标准。

 任务目标

（1）掌握食品样品的采集方法。
（2）学会食品样品平板计数的方法。
（3）掌握食品中菌落总数的测定流程。
（4）掌握食品细菌学检测方法。
（5）学会配制霉菌和酵母菌常用的培养基。
（6）具备实验室的微生物安全意识。

 知识准备（参考 GB 4789.15—2010《食品安全国家标准 食品微生物学检验 霉菌和酵母计数》）

1．术语——霉菌和酵母菌落总数

霉菌和酵母菌落总数就是指在一定条件下（如需氧情况、营养条件、pH、培养温度和时间等）每克（每毫升）检样所生长出来的霉菌和酵母的菌落总数。

2．培养基和试剂

（1）马铃薯-葡萄糖-琼脂培养基

成分：马铃薯（去皮切块）300.0g、葡萄糖 20.0g、琼脂 20.0g、氯霉素 0.1g、蒸馏水 1 000mL。

制法：将马铃薯去皮切块，加 1 000mL 蒸馏水，煮沸 10～20min。用纱布过滤，补加蒸馏水至 1 000mL。加入葡萄糖和琼脂，加热溶化，分装后，121℃灭菌 20min。倾注平板前，用少量乙醇溶解氯霉素加入培养基中。

（2）孟加拉红培养基

成分：蛋白胨 5.0g、葡萄糖 10.0g、磷酸二氢钾 1.0g、硫酸镁（无水）0.5g、琼脂 20.0g、孟加拉红 0.033g、氯霉素 0.1g、蒸馏水 1 000mL。

制法：上述各成分加入蒸馏水中，加热溶化，补足蒸馏水至 1 000mL，装入锥形瓶后，121℃灭菌 20min。倾注平板前，用少量乙醇溶解氯霉素加入培养基中。

3．仪器

仪器冰箱（2～5℃）、恒温培养箱（28℃±1℃）、恒温水浴锅（46℃±1℃）、均质器、振荡器、天平（精度为 0.1g）、菌落计数器或放大镜。

4. 分析步骤

（1）样品的稀释

1）以无菌吸管吸取 25mL 样品置盛有 225mL 无菌蒸馏水的无菌锥形瓶（瓶内预置适当数量的无菌玻璃珠）中，充分混匀，制成 1:10 的样品匀液。

2）用 1mL 无菌吸管吸取 1:10 样品匀液 1mL，沿管壁缓慢注入盛有 9mL 稀释液的无菌试管中（注意吸管或吸头尖端不要触及稀释液面），震摇试管或换用一支无菌吸管反复吹打使其混合均匀，制成 1:100 的样品匀液。

3）按 2）的操作程序，制备 10 倍递增系列稀释样品匀液。每递增稀释一次，更换一次无菌吸管或吸头。

4）根据对样品污染状况的估计，选择 3 个适宜稀释的样品匀液（液体样品可包括原液）在进行 10 倍递增稀释时，吸取 1mL 样品匀液于无菌平皿内，每个稀释度做 2 个平皿。同时，分别吸取 1mL 空白稀释液加入 2 个无菌平皿内空白对照。

5）及时将 15～20mL 冷却至 46℃ 的马铃薯-葡萄糖-琼脂培养基或孟加拉红培养基（可放置于 46℃±1℃ 恒温水浴箱中保温）倾注于平皿，并转动平皿使其混合均匀。

（2）培养

1）待培养基凝固后，将平板翻转，28℃±1℃ 培养 5 天，观察并记录。

2）如果样品中可能含有在琼脂表面弥漫生长的菌落时，可在凝固后琼脂表面覆盖一薄层琼脂培养基（约 4mL），凝固后翻转平板按 1）条件培养。

（3）菌落计数

可用肉眼观察，必要时用放大镜或菌落计数器，记录稀释倍数和相应的霉菌和酵母数。以菌落形成单位表示。

1）选取菌落数在 10～150CFU，无蔓延菌落生长的平板计数菌落总数。低于 30CFU 的平板记录具体菌落数，大于 150CFU 的记录为"多不可计"。每个稀释度的菌落数应采用两个平板的平均值。

2）其中一个平板有较大片状菌落生长时，则不宜采用，而应以无片状菌落生长的平板作为该稀释度的菌落总数；如片状菌落不到平板一半，而其余一半中菌落分布又很均匀，即可计算半个平板后乘以 2，代表一个平板菌落数。

3）当平板上出现菌落间无明显界线的链状生长时，则将每条单链作为一个菌落计数。

5. 结果与报告

（1）若只有一个稀释度平板上的菌落数在适宜计数范围内，计算两个平板菌落数的平均值，再将平均值乘以相应的稀释倍数，作为每克（毫升）样品中菌落总数结果。

（2）若有两个连续稀释度的平板菌落数在适宜计数范围内时按以下公式计算：

$$N = \sum C / (n_1 + 0.1n_2) d$$

式中　N——样品中菌落数；

　　$\sum C$——平板（含适宜范围菌落数的平板）菌落数之和；

　　n_1——第一个稀释度（低稀释倍数）平板个数；

n_2——第二个稀释度（高稀释倍数）平板个数；

d——稀释因子（第一个稀释度）。

（3）若所有稀释度的平板上菌落数均大于150CFU，则对稀释度最高的平板进行计数。

（4）若所有稀释度的平板上菌落数均小于10CFU，则对稀释度最低的平板进行计数。

（5）若所有稀释度平板均无菌落生长，则以小于 1 乘以最低稀释倍数计算。

（6）若所有稀释度的平均菌落数均不在10～150CFU 之间，则以最接近 10CFU 或 150CFU 的平均菌落数乘以稀释倍数计算。

6．菌落总数的报告

（1）菌落数小于 100CFU 时，按"四舍五入"原则修约，以整数报告。

（2）菌落数大于或等于 100CFU 时，第三位数字采用"四舍五入"原则修约后，取前两位数字，后面用 0 代替位数；也可用 10 的指数形式来表示，按"四舍五入"原则修约后，采用两位有效数字。

（3）若所有平板上为蔓延菌落而无法计数，则报告菌落蔓延。

（4）若空白对照上有菌落生长，则此次检测结果无效。

（5）称重取样以 CFU/g 为单位报告，体积取样以 CFU/mL 为单位报告。

 任务实施

1．试剂

试 剂 单					
序　号	名　称	规　格	配 制 量	配 制 方 法	备　注
1					
2					
3					
4					
5					

2．仪器

仪器和设备单				
序　号	名　称	规　格	数　量	备　注
1				
2				
3				
4				
5				

3．样品处理方法和步骤

4．样品测定方法和步骤

5．数据记录和计算

（1）霉菌的菌落总数的测定

将各霉菌的菌落数填入下表，并进行计算。

稀释度	10^{-1}		10^{-2}		10^{-3}		空白	
平皿	①	②	①	②	①	②	①	②
菌落数								
平均值								
菌落总数/（CFU/mL）								

（2）酵母的菌落总数的测定

将各酵母的菌落数填入下表，并进行计算。

稀释度	10^{-1}		10^{-2}		10^{-3}		空白	
平皿	①	②	①	②	①	②	①	②
菌落数								
平均值								
菌落总数/（CFU/mL）								

（3）样品检验（霉菌）

样品名称：   品　　种：

生产日期：   规　　格：

样品数量：   批　　量：

温　度/℃：   样品状态：

霉菌的菌落总数

检 验 依 据	GB 4789.15—2010		检 验 时 间		报 告 时 间	
检验仪器名称、型号	□ 洁净间		□ 生物安全柜		□ 均质器	
	□ 不锈钢立式灭菌消毒器		□ 隔水式恒温培养箱		□ 双目生物显微镜	

温度监控记录	时间						
	温度/℃						

稀释度	原液	10^{-1}	10^{-2}	10^{-3}	10^{-4}	空白	检验结果/（CFU/mL）
菌落数							
平均数							
标准值/（CFU/mL）			单项判定				

（4）样品检验（酵母）

样品名称：　　　　　　　　　　　　　　　品　　种：
生产日期：　　　　　　　　　　　　　　　规　　格：
样品数量：　　　　　　　　　　　　　　　批　　量：
温　度/℃：　　　　　　　　　　　　　　样品状态：

酵母的菌落总数

检验依据	GB 4789.15—2010			检验时间			报告时间	
检验仪器名称、型号	□ 洁净间		□ 生物安全柜			□ 均质器		
	□ 不锈钢立式灭菌消毒器		□ 隔水式恒温培养箱			□ 双目生物显微镜		
温度监控记录	时间							
	温度/℃							
稀释度	原液	10^{-1}	10^{-2}	10^{-3}	10^{-4}	空白	检验结果/（CFU/mL）	
菌落数								
平均数								
标准值/（CFU/mL）			单项判定					

任务评价

任务考核评价表

评价项目	评价标准	评价方式			权　重	得分小计	总　分
		自我评价 0.1	小组评价 0.4	教师评价 0.5			
职业素质	1. 遵守实验室管理规定，严格操作程序 2. 按时完成学习任务 3. 学习积极主动、勤学好问				0.2		
专业能力	1. 会霉菌和酵母计数的测定方法 2. 无菌操作规范 3. 数据处理正确				0.6		
与人协作能力	1. 能主动与小组成员沟通，主动承担任务 2. 发挥团队精神，互补互助				0.2		
指导教师综合评价							

专业能力的自我评价考核表

序号	考核内容	考核要点	配分	评分标准	得分
1	材料准备	玻璃器皿，培养基的数量，包扎，灭菌	10	材料准备齐全，包扎娴熟，灭菌操作正确	
2	采样，样品稀释	样品处理，样品稀释	20	能够说出本组样品的采样方法，处理样品、稀释样品的规范	
3	倾注培养	倾注操作，培养条件	20	能够正确倾注，培养条件符合标准	

（续）

序　号	考 核 内 容	考 核 要 点	配　分	评 分 标 准	得　分
4	无菌操作	空白对照	20	空白对照无菌	
5	菌落计数	菌落计数方法	20	能正确判断菌落并准确计数	
6	结果报告	编写实验报告	10	能规范准确报告数据	
	合　　计		100		

考考你

1. 简述霉菌和酵母的菌落特征。

2. 霉菌和酵母的最适 pH 值是多少？

3. 霉菌和酵母的最适生长温度是多少？

4. 测定霉菌和酵母总数所需的培养基有哪些？

5. 如何配制孟加拉红培养基？

6. 若使平板菌落计数准确，需要掌握哪几个关键点？为什么？

附　　录

附录 A　20℃时折光率与可溶性固形物含量换算表

折光率	可溶性固形物（%）	折光率	可溶性固形物（%）	折光率	可溶性固形物（%）	折光率	可溶性固形物（%）	折光率	可溶性固形物（%）	折光率	可溶性固形物（%）
1.333 0	0.0	1.354 9	14.5	1.379 3	29.0	1.406 6	43.5	1.437 3	58.0	1.471 3	72.5
1.333 7	0.5	1.355 7	15.0	1.380 2	29.5	1.407 6	44.0	1.438 5	58.5	1.473 7	73.0
1.334 4	1.0	1.356 5	15.5	1.381 1	30.0	1.408 6	44.5	1.439 6	59.0	1.472 5	73.5
1.335 1	1.5	1.357 3	16.0	1.382 0	30.5	1.409 6	45.0	1.440 7	59.5	1.474 9	74.0
1.335 9	2.0	1.358 2	16.5	1.382 9	31.0	1.410 7	45.5	1.441 8	60.0	1.476 2	74.5
1.336 7	2.5	1.359 0	17.0	1.383 8	31.5	1.411 7	46.0	1.442 9	60.5	1.477 4	75.0
1.337 3	3.0	1.359 8	17.5	1.384 7	32.0	1.412 7	46.5	1.444 1	61.0	1.478 7	75.5
1.338 1	3.5	1.360 6	18.0	1.385 6	32.5	1.413 7	47.0	1.445 3	61.5	1.479 9	76.0
1.338 8	4.0	1.361 4	18.5	1.386 5	33.0	1.414 7	47.5	1.446 4	62.0	1.481 2	76.5
1.339 5	4.5	1.362 2	19.0	1.387 4	33.5	1.415 8	48.0	1.447 5	62.5	1.482 5	77.0
1.340 3	5.0	1.363 1	19.5	1.388 3	34.0	1.416 9	48.5	1.448 6	63.0	1.483 8	77.5
1.341 1	5.5	1.363 9	20.0	1.389 3	34.5	1.417 9	49.0	1.449 7	63.5	1.485 0	78.0
1.341 8	6.0	1.364 7	20.5	1.390 2	35.0	1.418 9	49.5	1.450 9	64.0	1.486 3	78.5
1.342 5	6.5	1.365 5	21.0	1.391 1	35.5	1.420 0	50.0	1.452 1	64.5	1.487 6	79.0
1.343 3	7.0	1.366 3	21.5	1.392 0	36.0	1.421 1	50.5	1.453 2	65.0	1.488 8	79.5
1.344 1	7.5	1.367 2	22.0	1.392 9	36.5	1.422 1	51.0	1.454 4	65.5	1.490 1	80.0
1.344 8	8.0	1.368 1	22.5	1.393 9	37.0	1.423 1	51.5	1.455 5	66.0	1.491 4	80.5
1.345 6	8.5	1.368 9	23.0	1.394 9	37.5	1.424 2	52.0	1.457 0	66.5	1.492 7	81.0
1.346 4	9.0	1.369 8	23.5	1.395 8	38.0	1.425 3	52.5	1.458 1	67.0	1.494 1	81.5
1.347 1	9.5	1.370 6	24.0	1.396 8	38.5	1.426 4	53.0	1.459 3	67.5	1.495 4	82.0
1.347 9	10.0	1.371 5	24.5	1.397 8	39.0	1.427 5	53.5	1.460 5	68.0	1.496 7	82.5
1.348 7	10.5	1.372 3	25.0	1.398 7	39.5	1.428 5	54.0	1.461 6	68.5	1.498 0	83.0
1.349 4	11.0	1.373 1	25.5	1.399 7	40.0	1.429 6	54.5	1.462 8	69.0	1.499 3	83.5
1.350 2	11.5	1.374 0	26.0	1.400 7	40.5	1.430 7	55.0	1.463 9	69.5	1.500 7	84.0
1.351 0	12.0	1.374 9	26.5	1.401 6	41.0	1.431 8	55.5	1.465 1	70.0	1.502 0	84.5
1.351 8	12.5	1.375 8	27.0	1.402 6	41.5	1.432 9	56.0	1.466 3	70.5	1.503 3	85.0
1.352 6	13.0	1.376 7	27.5	1.403 6	42.0	1.434 0	56.5	1.467 6	71.0		
1.353 3	13.5	1.377 5	28.0	1.404 6	42.5	1.435 1	57.0	1.468 8	71.5		
1.354 1	14.0	1.378 1	28.5	1.405 6	43.0	1.436 2	57.5	1.470 0	72.0		

附录 B　20℃时可溶性固形物含量对温度的校正表

温度/℃	可溶性固形物含量（%）														
	0	5	10	15	20	25	30	35	40	45	50	55	60	65	70
应减去之校正值															
10	0.50	0.54	0.58	0.61	0.64	0.66	0.68	0.70	0.72	0.73	0.74	0.75	0.76	0.78	0.79
11	0.46	0.49	0.53	0.55	0.58	0.60	0.62	0.64	0.65	0.66	0.67	0.68	0.69	0.70	0.71
12	0.42	0.45	0.48	0.50	0.52	0.54	0.56	0.57	0.58	0.59	0.60	0.61	0.61	0.63	0.63
13	0.37	0.40	0.42	0.44	0.46	0.48	0.49	0.50	0.51	0.52	0.53	0.54	0.54	0.55	0.55
14	0.33	0.35	0.37	0.39	0.40	0.41	0.42	0.43	0.44	0.45	0.45	0.46	0.46	0.47	0.48
15	0.27	0.29	0.31	0.33	0.34	0.34	0.35	0.36	0.37	0.37	0.38	0.39	0.39	0.40	0.40
16	0.22	0.24	0.25	0.26	0.27	0.28	0.28	0.29	0.30	0.30	0.30	0.31	0.31	0.32	0.32
17	0.17	0.18	0.19	0.20	0.21	0.21	0.21	0.22	0.22	0.23	0.23	0.23	0.23	0.24	0.24
18	0.12	0.13	0.13	0.14	0.14	0.14	0.14	0.15	0.15	0.15	0.15	0.16	0.16	0.16	0.16
19	0.06	0.06	0.06	0.07	0.07	0.07	0.07	0.08	0.08	0.08	0.08	0.08	0.08	0.08	0.08
应加入之校正值															
21	0.06	0.07	0.07	0.07	0.07	0.08	0.08	0.08	0.08	0.08	0.08	0.08	0.08	0.08	0.08
22	0.13	0.13	0.14	0.14	0.15	0.15	0.15	0.15	0.15	0.16	0.16	0.16	0.16	0.16	0.16
23	0.19	0.20	0.21	0.22	0.22	0.23	0.23	0.23	0.23	0.24	0.24	0.24	0.24	0.24	0.24
24	0.26	0.27	0.28	0.29	0.30	0.30	0.31	0.31	0.31	0.31	0.31	0.32	0.32	0.32	0.32
25	0.33	0.35	0.36	0.37	0.38	0.38	0.39	0.40	0.40	0.40	0.40	0.40	0.40	0.40	0.40
26	0.40	0.42	0.43	0.44	0.45	0.46	0.47	0.48	0.48	0.48	0.48	0.48	0.48	0.48	0.48
27	0.48	0.50	0.52	0.53	0.54	0.55	0.55	0.56	0.56	0.56	0.56	0.56	0.56	0.56	0.56
28	0.56	0.57	0.60	0.61	0.62	0.63	0.63	0.63	0.64	0.64	0.64	0.64	0.64	0.64	0.64
29	0.64	0.66	0.68	0.69	0.71	0.72	0.72	0.73	0.73	0.73	0.73	0.73	0.73	0.73	0.73
30	0.72	0.74	0.77	0.78	0.79	0.80	0.80	0.81	0.81	0.81	0.81	0.81	0.81	0.81	0.81

参 考 文 献

[1] 叶敏. 软饮料加工技术[M]. 北京：化学工业出版社，2008.

[2] 刘俊英，李金玉. 软饮料加工技术[M]. 北京：中国轻工业出版社，2010.

[3] 阮美娟，徐怀德. 饮料工艺学[M]. 北京：中国轻工业出版社，2013.

[4] 高愿军. 软饮料工艺学[M]. 北京：中国轻工业出版社，2002.

[5] 赵晋府. 食品工艺学[M]. 北京：中国轻工业出版社，2007.

[6] 蒲彪，胡小松. 饮料工艺学[M]. 北京：中国农业大学出版社，2009.

[7] 崔波. 饮料工艺学[M]. 北京：中国科学技术出版社，2014.

[8] 朱珠. 软饮料加工技能综合实训[M]. 北京：化学工业出版社，2008.

[9] 张国治. 软饮料加工机械[M]. 北京：化学工业出版社，2006.

[10] 高愿军，杨红霞，张世涛. 饮料加工技术[M]. 北京：中国科学技术出版社，2004.

[11] 国家标准化管理委员会. 中华人民共和国国家标准目录及信息总汇（2009）[M]. 北京：中国标准出版社，2009.